犬のための家庭の医学

Inu Medical

野澤延行 著

山と溪谷社

おはよう
さんぽの時間は
まだかしら。

LIVING WITH YOU

きみと暮らす、
きみと生きる。

こうやって、
草の上に座って
景色を見るのが
好きなんだ。
LIVING
WITH
YOU

まだ帰りたくないよ。

ねぇねぇ、こっちを見て。

たくさん甘えていいかな？

LIVING WITH YOU

なにげない、
いつもの一日。

ずっとあなたと
一緒に
いたいんだ。

LIVING
WITH
YOU

目次

Contents

II 健康編 いぬもあるけば

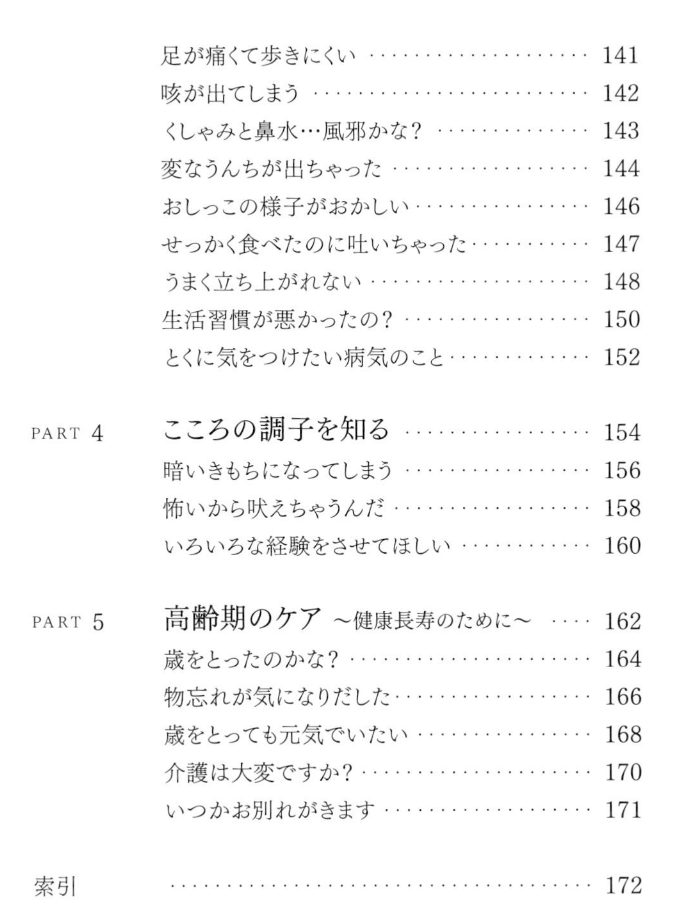

はじめに

Introduction

人と犬は一万年以上も前からともに暮らし、特別な信頼関係を築いてきました。はじめは使役として飼われていましたが、いまでは互いに敬う家族にまで発展しました。そして犬の平均寿命は近年になって15歳を超え、格段に長生きするようになりました。

人は犬と暮らすことで癒され、セラピー効果があることが立証されました。そして犬も人と見つめあうことで、幸せホルモンのオキシトシンが分泌されること、犬にも感情があり、こころがあることが分かりました。

そんな愛しい犬に“ずっと健康で長生きしてほしい”。これはすべての飼い主の願いです。それにはどんなことに気をつけるのか。犬の健康のために何ができるのか。それらをやさしく伝えるためにこの本を作りました。

ふだんから犬の健康に目を向けることで、長いシニア期を元気なまま「健康寿命」を延ばし、より「幸せな長生き」が実現されます。ところが、犬のこころをくみ取り、ストレスはないか、不自由していないか、生活習慣はこれでいいのか、といった健康への配慮を日々意識するのは容易なことではありません。そこで、犬の心身の健康

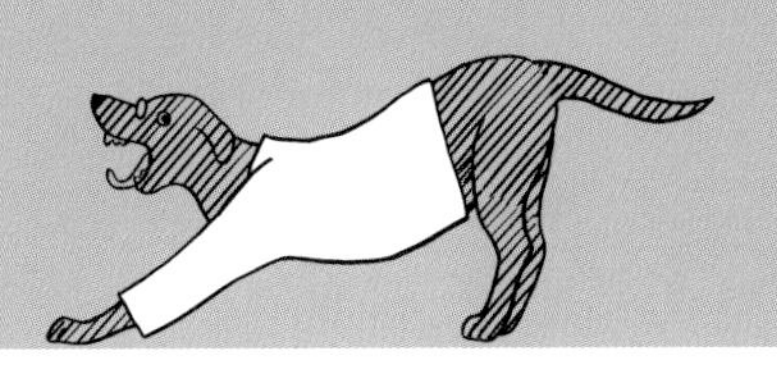

を保ち、寿命を延ばすための大事なキーワードを集めていくと、標語のような、おまじないのような7文字のことばができました。

それが「はうすかいてき」。犬の健康寿命を延ばすための7つの約束です。

そして、病気の予防と異変の早期発見に役立つキーワードを集めると、もうひとつのメッセージができました。それが「いぬもあるけば」。病気の早期発見につながる7つの約束です。

このふたつを標語のように覚えて（できたらコピーして壁に貼っておきましょう）、愛犬への日常の思いやりとすれば、犬の暮らしの快適度・健康度は必ず向上していくはずです。

本書は、従来の医学本とは一線を画した、犬の立場になって考えた身近な健康書です。生活編・健康編ともに、人気の犬猫アプリ「ドコノコ」に寄せられた犬たちの写真を楽しみながら、愛犬の健康と幸せのために役立てていただければ幸いです。

野澤延行

ナビゲーター紹介

本書はただの医学本ではありません。
犬の目線で楽しく「犬の健康と幸せな長生き」について語っている本です。
たくさんの犬が登場しますが、犬たちを代表して、
3頭のナビゲーターが健康に関する疑問やお願い、提案などを述べながらご案内しています。

いぬさんたち

トリミングが苦手なシーズー（6歳）と元保護犬の日本犬ミックス（推定2歳）は飼い主との3人暮らし。近所に住むジャックラッセルテリアのともだちをはじめ、沢山の仲間が住んでいる。

いぬ先生

6歳のオス。獣医師免許あり。東京・谷中生まれの黒ラブ。趣味は17時のチャイムに合わせて歌う遠吠えと大喜利。

ナビゲーターのお仲間たち

ドコノコ

「ほぼ日」が運営する犬猫SNSアプリ。共に暮らす犬や猫を登録、写真やコメントをつけて投稿することで、うちのコの日々の記録だけでなく、世界中のコたちも見ることができます。スタッフからのコメントや情報を発信する「放送局」も人気です。自分のいる地域と動物をむすびつけることで、もし迷子になったときには迷子掲示板を作成し、迷子捜しに役立てることができ、災害時に備えて近くの避難所を把握しておくことができます。うちのコだけでなく、近くのコ、遠くのコ、そして飼い主さんとの繋がりが心強い、犬猫好きにはうれしくてありがたいアプリです。
本書には、そんなドコノコに寄せられた、たくさんの犬さんの写真が登場します。

お写真をご提供いただいた皆さま

ゆうとえみ／テラらん／ nico ／ Sayuki ／おーこ／あさきち／ hamachitt ／ misan ／レオ・ローズ／ねーさん②／くま太／きゃと／こゆぽん／大瀧さんち／きよえ／ Yasue_da ／ kaori🐾／ Yu ／ちびっこ／柴chans ／光明寺紀子／るくマミィ／玲子／まどさん／ペロタンズ。／ yoshi_textile ／しっぽ子／ emiffy ／うきちく／たま／ ashyco ／おたかさん／阿部敏明／チハル／はちまる／ moco&pino ／ Miyuki:) ／ tomox ／ぶん／タナカ／さとのり／コバ／ちびず／こゆきとゆきママ／ boosan ／ ishi ／あかさん／☼凪☼／ Mariri ／ jack & zach ／ Satoshi Yoshida ／ YOKO TOHO ／ nishimura ／ペコちゃん／ sato ／ Miki ／ナツ／ s_k ／みきちぃ／ tea-tree（A.I 琥珀の母）／紫愛／ MK ／ Sun ／☆Maki☆／てつ&くら／ sao ／ Yuka Hagiwara ／ chocolat ／ paritora ／ moko ／まゆ／るーたん／鼻ママ／ KIRISUKE ／じゅべもん／ hanabiota ／ピコラママ／ anna ／ジョーたん／ＰＯＫＡ／ラブ君💜／なぎママ／りにゃいろ／ mikako ／あっちゃん／ Maru ／ yoko ／あらいのりこ／ Shigekazu Yokoyama ／ショパンママ／ masayo ／カワ♪／ yukarinzu ／マキ MAKI ／ yuki ／マユ／こてまむ／ Nana Tanaka ／ momota1228 ／ inoyuri ／きよみ／日々／うめ／みのり／れいこ／ Non ／まろママ／エル／かおり／ kataiku ／ぴのかか／ゆう／みどり／つばき／ちゃんえん／ mariko ／ yumi. ／まさみ"

そのほかの登場犬さん

表紙
ブイコ

ペリエ（P2-3）／大福（P4, P50-51）／アニー＆ベイリー（P4, P82-83）／モコゾウ（P5）／バルト＆ブル太（P6）／こはる（P6）／和音（P7, P20-21）／七海（P7, P138-139）／かい子（P8, P124-125）／タマ（P9, P64-65）／ハグ（P38-39）／ふく（P98-99）／ビット（P112-113）／梅子（P154-155）／スパーキー（P162-163）

Inu Medical
生活編

生活編

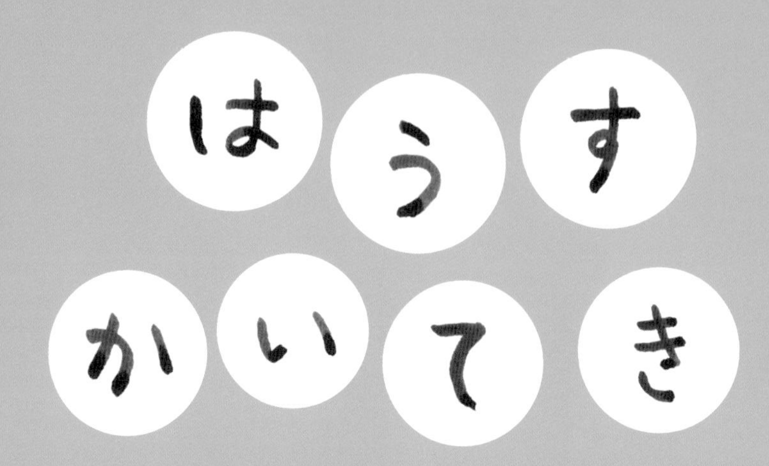

犬の健康寿命を延ばすための
7つの約束

太陽のもと、元気いっぱい歩いて、
おいしいごはんをしっかり食べて落ち着ける場所で安心して眠る毎日。
ここに大好きな飼い主さんとのコミュニケーションが加われば、
犬の暮らしはとっても幸せです。

は　ハートの落ち着きが大事

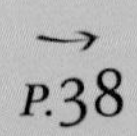

ストレスや不安、恐怖がなく、こころが穏やかでいられることは、こころとからだの健康のために、とても大切です。

→ P.38

う　運動して体力と筋肉をつける

犬は運動が大好き。散歩や遊びで運動することで体力をつけるだけでなく、屋外でいろんな刺激を受けることで、こころも育ちます。

→ P.50

す 睡眠でからだをゆっくり休ませる

睡眠は、1日の疲れをとり、頭の中をリセットする大切な時間。動物は熟睡しないので、安らげる睡眠環境はとても大事です。

→ P.66

か 快感を味わってストレスのない暮らし

食べることは、犬の大きな快感のひとつ。良質な食事が、健やかなからだを作ります。食欲が満たされれば、こころも満足します。

→ P.20

い 居場所を作ろう

犬は昔暮らしていた巣穴のような、ジャストサイズの寝床が落ち着きます。家中フリーでも、犬の居場所を作りましょう。

→ P.68

て 手触りをキープする

被毛や皮膚が美しいことは健康の証。ブラッシングやシャンプーを適切に行うことで、からだの美しさ＝健康を維持できます。

→ P.98

き QOL（キュー・オー・エル）で生きがいを

QOLとはクオリティ・オブ・ライフ、つまり生活の質。犬であれば「5つの自由」が守られていることが、最低限の条件です。

→ P.42

生活編

PART 1

食のケア

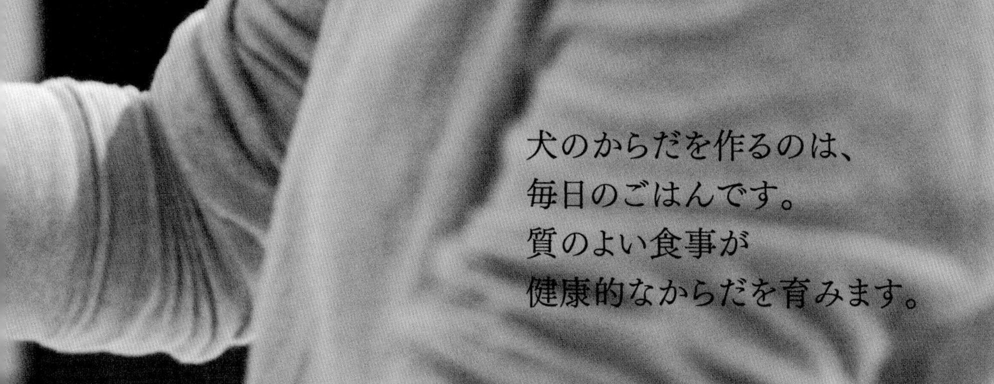

犬のからだを作るのは、
毎日のごはんです。
質のよい食事が
健康的なからだを育みます。

このフードで満足してる？

ドッグフードと新鮮な水さえあげていれば栄養は十分といわれても、うちの子に合っているのかな？　味には満足している？　毎日同じフードで飽きちゃうのでは？　少し心配にもなります。正しい食生活は、犬の健康をつくる第一歩。肥満やアレルギーのこと、フードに含まれる原材料や危険な添加物のことも心配です。犬の食生活のこと、必要な栄養のこと、食べてはいけないもののこと、食の基本を知って、愛犬に本当に必要なものは何か、考えてみましょう。

食生活を知ってほしい

犬は雑食性に近い肉食

犬は哺乳類の「食肉目」というグループに属する動物ですが、炭水化物や野菜、果物まで必要とする雑食性をもち合わせています。肉を引き裂くのに適した42本の尖った歯は肉食性を、肉食動物にしてはやや長い腸は多少の雑食性を示していて、雑食性に近い肉食動物であることがわかります。

犬の嗅覚は人間の百万倍なのに、味を感じる味蕾（みらい）は人間の1/5と少なく、甘味、酸味、苦味、塩味を感じ、味覚の感度は人間よりも低いそうです。犬は、どちらかというと味覚よりも、優れた嗅覚によって“食べる・食べない”を判断します。また、人間には感じない水味（イオン濃度）を感じる能力をもっています。

あればあるだけ食べてしまうのが、犬の習性。しかもあまり噛まずに飲み込む早食いです。群れで狩りをしていた野生時代、狩りの成功率は高くなく、獲物が獲れても仲間に先に食べられてしまうこともあったため、このような食べ方になったと考えられています。

食べることは動物の本能ですが、それを管理するのは飼い主です。空腹はいけませんが、食べすぎは肥満のもと。肥満はさまざまな病気の要因になるので、1日の食事の量は年齢や体重、運動量に合わせて適正量を与えるだけにしましょう（29ページ）。

犬は比較的、好ききらいが少なく何でも食べますが、
犬本来の食性を知ることで、正しい食事が与えられます。

犬の食事6つのポイント

— point 1 —

フードの成分を知る

ドッグフードの成分表を読みとければベターです。粗悪な材料を使っていない、栄養バランスのとれたフードを選びます。→P.26

— point 2 —

添加物に気をつける

危険な添加物が入っていないかを見極めましょう。①とともに、信頼できるフードを選ぶことが大切です。→P.26

— point 3 —

年齢に合った食事

子犬、成犬、高齢犬と、年齢により代謝量や摂るべき栄養は違うため、それに合わせた食事をします。→P.29

— point 4 —

ごはんの時間を大切に

食事の時間は犬の大きな楽しみ。抜いたり、待たせたりするとストレスを感じてしまいます。飢えないことは、守られるべき「動物の5つの自由」のひとつです 。→P.42

— point 5 —

食べる喜びを！

たまには、フードに肉や野菜を少量トッピングしたり、手作り食にすれば、愛犬は大喜びします。正しい食材を取り入れることで体調も変わってきます。→P.36

— point 6 —

信頼できるルートで購入

最近ではネットでも購入可能になって便利な半面、保管状態の悪いものや粗悪品が出まわっているので注意が必要です。信頼できる購入先を見つけましょう。→P.25

ドッグフードを知りたい

主食には総合栄養食を

犬のごはんといえばドッグフード。手に入りやすく、栄養のバランスもよく、手軽なことから多くの人が愛犬のためにドッグフードを選んでいます。ただ、種類が多すぎて「どれを選んだらいいのかわからない」という人も多いようです。選んではみたものの、本当にこれでいいのか不安が残ります。

犬が主食として毎日食べるのに適したフードは、「総合栄養食」と表記されたタイプ。犬が必要とする栄養基準を満たしているとペットフード公正取引協議会が証明したフードで、新鮮な水と一緒に与えるだけで健康を維持することができるように理想的な栄養素がバランスよく調製されています。総合栄養食には、適応する成長段階（幼犬、成長期、グロース／成犬、維持期、メンテナンス／妊娠期・授乳期／全成長段階、オールステージなど）が必ず表記されています。

総合栄養食以外には、副食として与える「一般食」、おやつとして与える「間食（おやつ、スナック）」、病気などの食事管理のため獣医師が処方する「療法食」。そのほかに「栄養補完食」や「サプリメント」などの種類があります。総合栄養食以外のフードには、「おかずタイプ・総合栄養食と与えてください」などの表示がされているものもあります。

ドライフードか缶詰か、それとも？

ドッグフードには、さまざまなタイプがあります。それぞれに一長一短がありますが、どの場合も主食として与えるフードには総合栄養食を選びます。ドライフードには総合栄養食が多く、それ以外は総合栄養食と一般食が混在しているので必ずラベルの確認を。

- **ドライタイプ**：水分含量10％以下のフード。かたさのある粒の摩耗でウエットより多少歯石が付きにくいといわれています。腹持ちがよく、値段はお手頃。開封しても日持ちします。添加物が多め。粒状のものが大半ですが、フレークタイプやフリーズドライタイプも登場しています。
- **半生タイプ**：水分含量20～35％のセミモイスト、10～30％のソフトドライがあり、ウエットとドライの中間的フード。少食、偏食、高齢犬に向いています。
- **ウエットタイプ**：水分含量が75％以上のフード。香りと食感がいいので食いつきがよいものの、水分が多いため

毎日のごはんは、からだを作る大切なもの。そして犬にとって、
ごはんの時間は、1日のうち一番といっていいほど楽しみな時間です。

意外とすぐ空腹になります。値段は高め。開封後は保存がききません。缶詰やパウチ、チューブ、フィルム包装などがあります。

正しく保存し、劣化を防ぐ

ドッグフードを購入するときには、必ず賞味期限を確認します。ドライフードは開封後、密閉して冷暗所に保管すれば1か月程度は食べられますが、風味は失われていきます。空気に触れたり光に当たったりすると脂質が酸化し過酸化脂質に変化し、健康に悪影響を及ぼします。開封した瞬間から劣化がはじまるので、袋のまま保存する場合はできるだけ空気を抜く、密閉容器に移す（真空容器ならベター）などして、高温多湿を避けること。1週間分程度を小分けに密閉し、冷凍保存をする方法もあります。また店頭での保管方法が悪く劣化しているケースも考えられるので、信頼できる購入先を選ぶことが大切です。

ウエットタイプは日持ちがしないので開封した日のうちに食べきるか、それができない場合はフードに記されている保存方法で冷蔵庫に保存します。

もっとドッグフードを知りたい

いいフードってどんなフード？

よいフードを見極めるためには、まず、パッケージに表示されている成分表に目を通すことが大切です。とくにチェックしたい項目が、「原材料」。たとえば肉の場合、牛肉、七面鳥、骨抜きチキン生肉など、肉の種類が具体的に記載されているものを選ぶこと。「肉類」、「家禽(かきん)類」というようなあいまいな記載は、バイプロダクトや4Dミートと呼ばれる肉の副産物（骨や皮、内臓、クズ肉などの廃棄物同然のもの）である可能性があります。また、犬本来の食性を考えた場合、原材料に穀物よりも肉・魚類を多く使っているものを選びましょう。原材料は使用量が多いものから順に表示されています。安価なフードのなかには、穀物でカサ増しをしているものもあります。

気をつけたい添加物

残念ながらペットフードは「食品」ではなく「飼料」に分類され、人の食品関連の法令の規制の対象外です。人の食品は「食品衛生法」によって432種類の添加物が規制されていますが、「ペットフード安全法」での規制はたったの4種類。安全な食かどうかは、飼い主が見極めなければなりません。

とくに問題となるのは、「酸化防止剤」と「合成着色料」の2種。酸化防止剤のエトキシキンは人には使用禁止の添加物です。BHTやBHAは発ガン性が指摘されています。合成着色料の赤色2号、3号、40号、104号は発ガン性が認められ、大変危険とさています。青色1号や黄色5号はアレルギーの原因に指摘されています。これらが含まれていないことを確認し、添加物がなるべく少ないものを選びましょう。

ペットフード安全法

正式名称は『愛がん動物飼料の安全性の確保に関する法律』が2009年に施行されました。フードのパッケージには、名称、賞味期限、原材料名、原産国、業者名の5項目の記載が義務化され、さらに目的、内容量、給与方法、成分の4項目も記載されます。また『AAFCO』（米国飼料検査官協会）の栄養基準に沿って作られていると表記されているものもあり、日本での総合栄養食は、このAAFCOの栄養基準が採用されています。

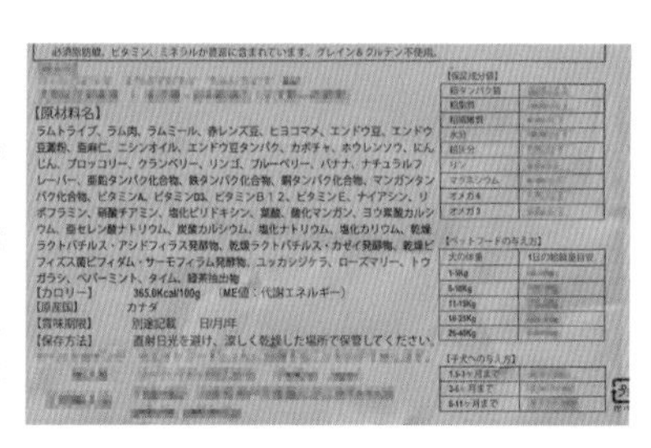

安全で健康的なフードを求めて

スーパーなどで手軽に入手できるレギュラーフードに対して、より安全で品質のよいプレミアムフードが注目されています。多くは海外メーカー製ですが、国産フードも増えつつあり、それぞれに右のような特徴がうたわれています。ここに挙げた呼称には定められた基準はないため、品質や安全性、効果が保証されているとは限りません。また「すべての添加物が犬によくない」とか「犬は穀物は食べるべきではない」ということでもありません。

最近は、愛犬のごはんを手作りする人も増えています。素材がわかり安心です。

プレミアムフードの特徴とキーワード

ヒューマングレード
人が食べられる水準の食材を使用したフードで、人用食材の食品衛生法などの安全基準をクリアするレベルとされる。

オーガニックフード
有機飼料で育った家畜や家禽の肉や有機栽培野菜を原材料とし、ホルモン剤や化学物質を含まないフード。オーガニック認証団体の高い品質基準をクリアしている。

ナチュラルフード
原材料に自然食材だけを使い、酸化防止剤などの添加物を一切含まないフード。

グレインフリー
穀物を使用しないフード。ほぼ肉食の犬に穀物は不要という考えや、肥満やアレルギーを避けるための健康志向フード。

グルテンフリー
麦類などに含まれるたんぱく質の一種である、グルテンを含まないフード。

薬膳ドックフード
中医学や漢方の考えに基づき、食材の効能を取り入れ自然治癒力を高めようとするフード。

アレルギー対策原材料
鹿肉や馬肉、バッファロー肉、グラスフェッドビーフ（穀類を食べていない牛）などの肉や、獣肉アレルギー対策としてサーモンなどを使ったフードも登場している。

プレミアムフードの概要

	ヒューマングレード	オーガニック	ナチュラル	グレインフリー
食材	人の食材レベル	無農薬・有機	無農薬・有機	通常
動物性タンパク質	○	○	○	○
穀物	△	○	○	—
添加物	△	—	—	△

プレミアムフードと呼ばれる高級・健康志向のフードの概要。呼称の基準はメーカーなどによってさまざまです。海外製品も原材料や成分をよく確認して選びたいです。

生きることは食べること

食いしん坊こそ長生きする

昔に比べて犬の寿命が伸びている大きな要因として、食事の質の向上が挙げられます。犬の栄養に関する研究が進み、栄養バランスの整ったフードを、ライフステージや体重に合わせて適切に摂れるようになってきたからです。そして犬の命の源も「食」。食欲があることが元気の印です。ふだんからしっかり食べる習慣があれば、高齢になってもその習慣をもちつづけてくれます。しっかり食べて必要なカロリーを摂ることこそが長寿へとつながります。

犬に必要な栄養素

犬に必要な三大栄養素は人間とほぼ同じですが、人間よりタンパク質を多く必要としています。その割合は、炭水化物57％、タンパク質25％、脂質18％。このバランスは年齢や運動によって変っていきます。またビタミン、ミネラルを含めて五大栄養素ともいわれます。バランスの良い食事は生活習慣病予防につながります。

- **炭水化物**：犬のエネルギー源になる栄養素。糖質と植物繊維で構成され、消化しやすい与え方が必要です。摂りすぎると肥満を招きます。穀類、豆類や野菜・果物などに含まれます。
- **タンパク質**：犬が最も必要としている栄養素。免疫力や筋力をつけるのに欠かせません。動物性タンパク質は、牛肉、鶏肉、豚肉、魚などに、植物性タンパク質は大豆や小麦など、種類によっては野菜や果物にも含まれます。
- **脂質**：エネルギー源でもあり、被毛や皮膚の健康維持を保ち、食べものの嗜好性を高めます。動物性と植物性があり、肉や魚、豆類などに含まれます。

必要とされる三大栄養素の割合

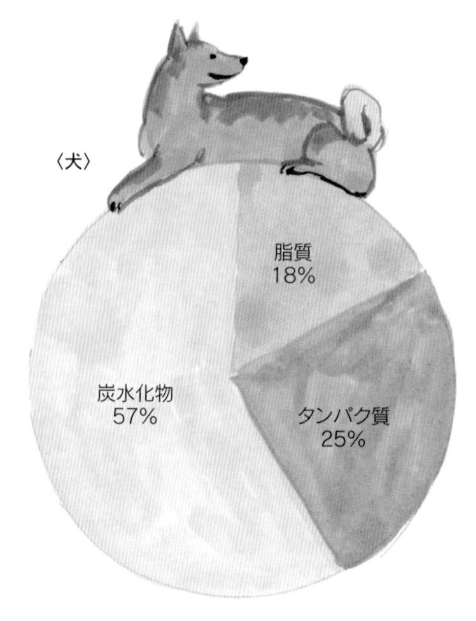

1日の食事量

犬が1日に必要な食事量は、その犬が1日に消費するカロリーから割り出せますが、フードのラベルに体重に対してどのくらいあげればよいか記載がありますから、まずはそれを参考に与え、体重の変化からフードの量を増減するのが簡単です。

トッピングをしたり、おやつを与えたりしたときは、できれば、そのぶんフードを減らします。また運動量の多い犬はエネルギーも多く消費するので、フードを多めにする、食が細い場合は高カロリーのフードを適量与える、などの工夫も必要です。

人と同じく犬も肥満になると、いろいろな病気の要因となるので、適正量を与えているかを確認するためにも、日々の体重チェックは欠かせません。

年代別食事の考え方

成長段階によって必要な栄養素は変わります。ライフステージに合った食事を与えることが大切です。

- **〜1歳齢**：成長するためのエネルギーと栄養素が必要な時期。とくに数か月齢まではぐんぐん発達する時期なので、栄養価のある食事を摂ること。からだが小さく少量ずつしか食べられないので食事の回数を増やします。
- **〜成犬期**：健康維持のための栄養バランスが必須です。成犬になれば1日2回の食事に。肥満に注意します。
- **〜高齢期**：基礎代謝が少なくなるので体重に注意しながらエネルギー量を調整します。ドライフードが食べにくそうなら、お湯やスープでやわらかくしたり、ウェットフードに切り替えてあげます。

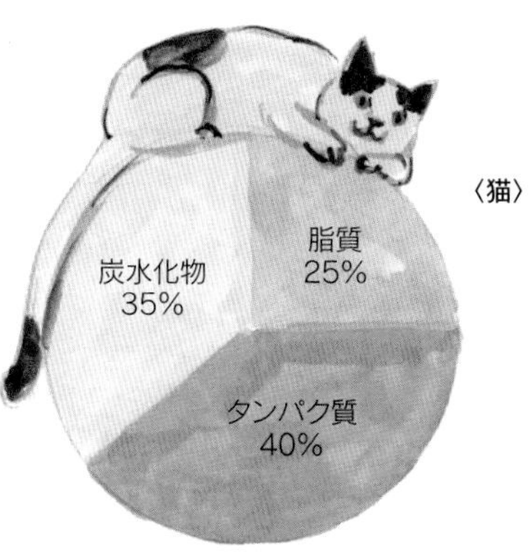

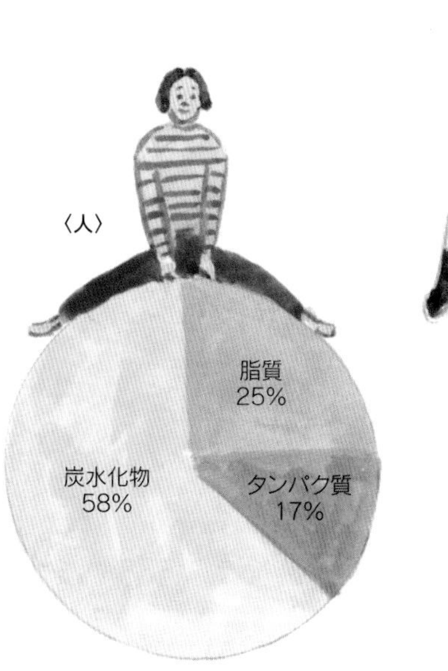

犬と人は雑食性ですが、犬は肉食寄りなので、人よりも炭水化物は必要とせず、タンパク質を多く必要とします。肉食の猫は、もっと炭水化物が少なめで、タンパク質を多く必要とします。

出典：小動物の臨床栄養学 第5版による

おやつも食べていい？

おやつ大好き！

クッキーやボーロ、ジャーキーに骨にガム、チーズやチップスなどなど、犬用おやつは実にバリエーション豊か。無添加やノンカロリーのものも登場しています。犬はおやつが大好きです。

おやつはトレーニングのごほうびに使われることが多く、そのほか栄養補給や口腔ケアなどの目的で与えるタイプもあります。欲しがるままに与えるのではなく、目的に合わせて選び、適量を与えましょう。

おやつの量はどのくらい？

頭を悩ませるのがおやつの量ですが、主食と合わせて1日に決められたカロリーを越えなければ大丈夫です。目安としては主食の10 ～ 20％。与え方がパッケージに記されていれば、それを守ります。

おやつは、あくまで間食です。間食ばかりでお腹を満たすのは人間でも犬でも歓迎できません。嗜好性の高いおやつばかりを食べていると、主食のフードを食べなくなってしまうこともありますし、何より栄養バランスが悪くなってしまいます。

必要がなければ、おやつは与えなくてもいい、ということも覚えておきましょう。また、フードと同様に原材料が良質であること、危険な添加物には注意が必要です。

トリーツの選び方

トリーツとは、トレーニングに使ういわゆるごほうびのこと。嗜好性が高い犬用おやつを使うことが多いのですが、とくに幼犬期に多くのトレーニングをするときにはカロリーオーバーが心配です。

おすすめなのは、毎日食べている主食のフードをトリーツとして使う方法。1日分のフードからごほうびとして与える分を取り分けることでカロリーオーバーを防げます。ドライフードなら

おやつを詰められるおもちゃもあります。

適切なフードを食べていれば、おやつは必須ではないものの、
コミュニケーションや食べる喜びのために、適量与えるのは悪くありません。

持ち歩きができるので散歩中のごほうびにも便利です。トレーニングを重ね、いろいろなことができるようになったら、いずれはトリーツではなく、犬が喜ぶこと（ほめる、なでるなど）をごほうびにするのが適切です。

サプリメントは必要？

総合栄養食を適切に食べていれば、与えなくてもよいのですが、健康面に悩みがある場合に健康補助食品として使うことで、足腰の動き、皮膚や毛づや、排泄の改善がみられたりします。

高齢犬になり衰えを感じたら老化予防として、抗酸化作用のあるオメガ3脂肪酸をふくむ不飽和脂肪酸や飽和脂肪酸、ビタミン類などを含むサプリメントの効果を期待するのもいいでしょう。またガン治療とあわせてβ-グルカンが含まれたサプリメント、さらに免疫力を高めるため、乳酸菌やビフィズス菌などの善玉菌を増やし、消化吸収率を上げると効果的です。

サプリメントは医薬品ではないので、明らかな不調は病院へ行くこと。使い方としては人間と同じと考えればわかりやすいかもしれません。

食べるよろこびをもっと

今日は何が落ちてくるかな？

これは食べてもいいものですか？

眠たい、けど食べたい……。

More pleasure to eat.

あのパンに決めました。

やっぱり夏はきゅうりだね。

毎朝の楽しみなんだ。

こ、このズルズルは!?

今日のごはんは何？

そろそろ時間ですよ！

同じごはんを食べてみたい

中毒を起こす食べもの

身近な食べもののなかには、犬が中毒を起こしてしまうものがあります。最悪の場合、死に至るものもあるので、十分に注意しましょう。

● **ネギ類（タマネギ、長ネギ、ニラ、ニンニク、ラッキョウなど）**：含まれるアリルプロピルジスルフィドが赤血球を破壊して貧血症状を起こします。体重1kgあたり玉ねぎ15ｇ、体重10kgの犬であればタマネギ3/4個ほどの量で数日で発症。生のネギ類だけでなく、ネギを使った料理も危険。

● **チョコレート**：含まれるテオブロミンには毒性があり、1～12時間以内に嘔吐やけいれんなどの中毒症状を起こします。体重1kgあたりブラックチョコ5ｇ、体重10kgの犬であればブラックの板チョコ1枚で発症。ココアもNGです。

● **キシリトール**：摂取するとインスリンが過剰に放出され、血糖値の低下、嘔吐、下痢、意識の低下、脱力、昏睡などを起こします。中毒症状は摂取から30分～数日で発症。体重1kgあたり0.1ｇ、体重10kgの犬であれば、わずかガム2粒で発症することがあります。ガム以外にも歯磨き粉や身近なお菓子の甘味料にも多く使われているので要注意。

● **マカデミアナッツ**：原因物質はわかっていませんが、12時間以内に嘔吐、脱力、腹痛、高熱などが起こることがあります。また、ナッツ類による腸閉塞にも注意します。

● **レーズン**：原因物質はわかっていませんが、腎機能にダメージが生じ2、3時間後～72時間以内に下痢や嘔吐から、脱水、多飲多尿となります。急性腎不全になることも。体重1kgあたり11～30ｇ、体重10kgの犬ならレーズン200粒ほどで発症。レーズンよりも濃度は低いがぶどうもNGです。

材料をうっかり落としてしまうこともあります。
料理中は、立ち入り禁止が無難です。

食べさせたくないもの

すべての犬に悪いわけではありませんが、少しでもリスクのあるものは、あえて与えることはありません。ましてアルコールやコーヒーは、犬に与えてはいけません。トウガラシ、コショウ、香辛料などは犬には刺激が強すぎるので避けます。昔からいわれている鶏の骨は、実際には事故は少ないようですが避けたほうが無難です。消化が悪いといわれているイカ、タコ、エビなども同様です。また、加工食品の添加物も気になります。

食べても何も起こらないケースもあれば、少量口にしただけで重篤な状態になることもあります。リスクを避けることは、飼い主にしかできないこと、ということを覚えておきましょう。

犬には犬のごはん

人の食事に興味を示す犬は少なくありません。いいにおいがしたり、家族がおいしそうに食べているのを見たりして興味をそそられることもあれば、家族と一緒に食卓を囲みたいというきもちもあるでしょう。うっかり落としてしまったおかずを食べて「おいしい！」と覚えてしまうこともあります。

人間の食べものは塩分が多く、過剰摂取により心臓や腎臓に影響を与えてしまうことがあるので要注意です。また、糖分や油脂分、カロリー量も犬の食事としては過剰で、食べすぎると肥満や生活習慣病を招く要因となります。

犬と食事を共有するか？は、家庭ごとに方針があるのでしてはいけないということではありませんが、犬はからだにいいものと悪いものを自分で見極めることはできません。それは飼い主の大事な役割です。共有するとしても、食器を別にする、食べる場所を別にするといった一定のけじめは必要です。

また、人の食事に執着させないためにも犬との会話や遊びを充実させる、犬の体力に合わせて適切な運動をすることも大切です。

食卓の食べものが気になるのは当然のこと。一緒に食卓を囲む場合には、犬の健康にリスクのあるものは与えないようにしましょう。

フードじゃなくても大歓迎！

トッピングのすすめ

犬は食べるのが大好きで、たいてい食欲旺盛ですが、食が細い少食の子、好ききらいの多いグルメ犬もいます。体調不良で食欲がなくなることもあります。偏食や食欲減退時には、いつものフードにトッピングかスープをかけるのがおすすめです。スープには、かつお節や煮干し、鶏肉などでとった出汁を使うとよいでしょう。

ドライフードを主食とし、野菜や肉をトッピング、あるいはスープをかけて与えます。もちろん、食欲旺盛な犬に与えても喜びます。カロリーオーバーにならないよう、ドライフードなど主食の量を調整しましょう。

手作り食という選択も

手作り食には、いい面がたくさんあります。ドライフードでは不足しがちな水分が摂れ、生きた栄養成分としてビタミンやミネラル、アミノ酸や消化を助ける酵素が得られます。野菜特有のファイトケミカルには抗酸化作用があり、長寿や疾病予防効果が期待されています。栄養価の高い旬のものを季節ごとに与えるのもおすすめです。

犬のための手作り食は「味付けなし」が基本。人肌程度に温めると香りが立ち、嗜好性が高まります。穀類、肉か魚、野菜を混ぜて栄養バランスに考慮し、与えたら排泄物に未消化のものが残っていないか注意します。

トッピングや手作り食に使ったリンゴやブロッコリーの茎をのどやお腹に詰まらる犬が、実は少なくありません。犬の歯の形状がすりつぶすのには適していないこと、おいしすぎて早食いになってしまうことなどから、丸呑みしてしまうのが原因です。食物繊維は消化もしづらいので、野菜や果物はみじん切りに、火を通してやわらかくするなどの工夫をしてください。

「まだかな？　今日のごはんは何かな？」
ワクワクが止まりません。

Inumedical na OHANASHI

水は命の源

水は犬にとっても生命維持に必要で、必ず外から摂り入れなければなりません。体水分の20%が失われただけで生命にかかわります。成犬では、全体重の約65%は水分で、そのうち2/3は細胞内に存在しています。そのため、細胞内液は体重の40～45%にもなり、代謝や複雑な化学反応が可能になるのです。いっぽう細胞外液は体重の20～25%で、血液やリンパ液として存在し、酸素や二酸化炭素、栄養素とその代謝産物、抗体や白血球などの輸送媒体となっています。また酵素による消化や体温調節にも水が必要とされています。

水分摂取量が少ないと血液はドロドロとなり、内臓疾患だけでなく老化を促進させてしまいます。新鮮な水を常に用意し、飲水量が少ないならフードにぬるま湯やスープをかけるなどの工夫をしましょう。

「遊んだあとはお水がおいしいね」
飲水量が把握できるのが理想です。

ミネラルウォーターよりも、
水道水（できればカルキ抜きを）が
おすすめ。

からだの水分は尿や便、唾液や肺からの蒸散によって絶えず失われます。そのため水分の補給が必要とされるのです。給水がないままでは、徐々に脱水症状になってしまいます。

飲水量は、気温や運動量、食事がドライかウエットか水分含量に左右されますが、体重1kgあたり30㎖を1.2倍にした量を目安に。計算式は「**(体重×30)×1.2=1日に必要な水分量**」。例えば体重5kgであれば180㎖。体重10kgであれば360㎖。1日の飲水量が体重1kgあたり90㎖を越えれば多飲と判断し、内分泌などの疾患を疑うことになります。

水は愛犬が快適に飲めるよう、いつでも新鮮なものを用意することをこころ掛け、できれば1日の飲水量が計れるとよいですね。

生活編

PART 2

こころのケア

犬にもこころがあるから、
ストレスだって感じます。
こころが、健康に影響するのは
犬も同じです。

今日は、どんな気分なのかな？

いつにも増してはしゃいでいる日もあれば、寝てばかりいる日もある。窓の外を眺めてばかりいたり、家中のパトロールに熱心だったり。楽しかったり、だるかったり、そわそわしたり、犬だって、いろんな気分の日があります。そうしたきもちは、行動やしぐさに表れるから、もしも不安や不満を伝えているのだとしたら、早くそのストレスを取り除いてあげたい！　愛犬からのメッセージを見逃さず、犬が私たちに伝えたいことを理解できるようになれたら最高です。

こころをかよわせて

見つめあえばオキシトシン

犬はオオカミと共通の祖先をもちます。オオカミとの大きな違いは、犬は人とのコミュニケーション能力に長けているということです。とくに視線は重要で、見つめあうことで人も犬もオキシトシン濃度が上昇するというのです。オキシトシンとは、別名「幸せホルモン」。妊娠・出産時に大量に分泌されることが知られていましたが、いまではストレスを緩和する、幸せなきもちになる、信頼関係を築くなどの作用もあることがわかっています。

犬は困ったときや要求したいときにも人に視線を向けます。なかにはそばにいるだけでオキシトシン濃度が上昇する犬もいます。なでるのはそれほどでもないようです。

しかし、犬と異なり、オオカミには視線を介した反応はありません。人に近いチンパンジーですらありません。視線によるコミュニケーションは、進化の過程で犬だけが獲得したものです。柴犬の実験では、オスよりもメスのほうがオキシトシン濃度は上昇するという結果があります。

犬に感情はあるの?

犬は最古の家畜動物といわれ、そのはじまりは5万年前と考えられています。初期の用途は不明なものの、犬の気質が人との共生に向いていたことは間違いありません。そして1万年前からは能力を生かした共生がはじまり、視線によるコミュニケーションを成立

犬はしぐさで、いろいろなきもちを伝えてくれます。

ジッと見つめられると幸せなきもちになります。
犬も同じきもちだなんて、飼い主冥利に尽きますね。

させていきました。犬独特の寛容性も生かされたのだと考えられます。

犬は人間のしぐさを読みとるのが得意です。これは感受性がないとできないもので、共感やいたわりのきもちが働いています。ですから飼い主がうれしいと犬もうれしくなるのです。これは人の母子関係と類似しています。

きもちを知って健康管理

仕事に疲れて元気がないとき、病気で辛いとき、犬は心配そうに私たちに寄り添ってくれます。人のきもちを敏感にくみ取ることができるのです。また犬との共生は、私たちの心身の健康にも役立っています。たとえば喘息リスクの低下、アトピー症状の軽減、循環障害の改善、不安症の改善などの効果をもたらしてくれます。

犬が与えてくれるものと同様に、私たちも犬の視線からきもちを読み取り、困ってるとき、要求があるときは、寄り添い安心させてあげたいものです。不調に気付くのは飼い主の大事な役割です。視線をはじめとする犬とのコミュニケーションは、互いの健康管理のひとつでもあるのです。

落ち込んでしまう日だってある

ストレスが健康寿命を縮める

犬は犬としてのこころと感情をもっています。人間の大人ほどに幅広くはありませんが、2～2歳半の人間くらいといわれ、喜び、悲しみ、怒り、恐れ、愛といった基本的な感情をもっています。ですから、いやなことが起これば落ち込んでしまうこともあるし、度を超えたストレスから体調を崩してしまうことさえあります。愛犬に健やかに暮らしてもらうには、食事や住まいが大切ですが、同じくらい「きもち」も大切です。ストレスなく居心地よく暮らすことが、犬を健康にします。

下段の「5つの自由」が奪われることをはじめ、ストレスの要因はいろいろありますが、そのすべては飼い主が改善できることばかりです。

- **心理的ストレス**：欲求不満、不安、緊張、恐怖、悲しみなど。
- **環境的ストレス**：不衛生、騒音、暑い・寒い、狭いなど。
- **身体的ストレス**：傷や痛み、苦しみ、栄養過不足、運動不足など。

ストレスに直面してからだに起こる個体防衛反応は「汎適応症候群（はんてきおうしょうこうぐん）」と呼ばれ、次の3つの経過をたどるといわれています。

①ストレスに何とか適応して、きもちを整えようする警告反応期。

動物の5つの自由

動物の5つの自由（The Five Freedoms for Animal）とは、1960年、英国で発案されたものです。これは動物福祉とは違う独特の考えで、人が管理しているすべての動物に対して、痛みやストレスなど心理的な苦痛を最小限に抑えようというものです。

1.飢え、渇きからの自由	腹ペコで困っていないか、のどは潤っているか、栄養は足りているか。
2.不快からの自由	暑さ、寒さはないか、騒音や不衛生な環境で暮らしていないか。
3.痛み、傷や病気からの自由	健康状態はよいか、ワクチンを含む適切な医療は受けられているか。
4.本来の行動をする自由	拘束されていないか、動物として自然な行動ができているか。
5.恐怖や苦痛からの自由	人や動物からの虐待はないか、ひどい叱られ方をされていないか。

これらの自由は、守られて当たり前のようにも思えますが、炎天下の散歩、エアコンなしの留守番、強く怒ってしまった、病気やケガを見逃している、など何気ない日常生活のなかで、その自由を脅かしているかもしれません。あらためて愛犬が辛い思いをしていないか考えてみたいものです。

何となく気分がのらない日は、犬にもあるようです。
表情やしぐさの変化を読み取ってストレスを減らしてあげたいものです。

②ストレスに抵抗してバランスを取ろうとする抵抗期。バランスが取れれば安定しますが、そのために多大なエネルギーを使います。
③抵抗するエネルギーが枯渇し、ストレッサー(ストレスの原因となるもの)に負け、不調をきたす疲弊期。

ストレスによる変化は、内面的に起こるだけでなく脱毛、血尿、アレルギーなど外見にも現れます。過度のストレスから、自分でからだを傷つけてしまう自傷行為が起こることもあります。このようにストレスは、犬の健康を損なうことを覚えておいてください。

ストレスを取り除く

住まいは清潔で居心地がよいか、ケガや病気はないか。まずはストレスの原因を探り、それを取り除くこと。大好きな食べものや散歩で気分転換をするのもよいでしょう。そして一番のストレスの解消法は、飼い主とのコミュニケーションです。一緒にいてあげること。大好きな人とともに楽しく過ごすことが、犬にとって何よりのストレスケアになり、健康寿命を延ばすことにつながります。

何を伝えているのかな？

同じ柄だよ。仲良くなれそうだね。

いまは、ひとりになりたいんだ。

「おい、遊ぼうぜ！」「わ、わかった」

What are you talking about?

引っぱりっこ、しませんか？

ヘアスタイルが乱れちゃう～。

種が違っても仲良しだよ。

ごめん、いまは遊べないよ。

お日様がきもちいいね。

ドンマイ。

きもちをわかってほしい

犬と仲良くなる方法

犬は前向きなことばが大好きです。「good！」、「いい子だね」など声をかけると喜び、犬も「わかったよ」とか「ありがとう」というしぐさで応えます。最新の研究結果から、犬は人の口調から、その感情を読み取ることができることが明らかになりました。前向きなことばほど犬にとって気分のよいものですから、きもちも伝わりやすく、信頼が深まっていくでしょう。

いっぽう私たち人も、犬の感情を読み取ることができます。ただ犬と人との間に共通の言語はありませんから、犬をきちんと見ることが大切です。

犬はしぐさで（ときには犬語も添えて）感情を伝えてくれます。一度ではわからないのが当たり前ですが、コミュニケーションを重ねるうち、そのしぐさやことばが何を伝えているのかわかってきます。

カーミングシグナルって？

カーミングシグナル（Calming＝落ち着かせる・Signal＝合図）とは動物特有の非音声言語で、自身の気を紛らわす行動のことです。とくに人と暮らす犬や猫では顕著に表われます。緊張やストレスを感じると、犬自身が落ち着こうと、突然あくびをしたり、接近して尻尾を振る、耳を伏せる、目を逸

よその人とも仲良くなれる

しゃがんで目線を下げ、優しく声をかける。
においを嗅いでもらえば、この人はいい人そうだ、仲良くできそうだ、
とわかってもらえます。

らす、かゆくもないのに突然からだをかいたりもします。これらは無意識にしているのですが、犬なりに理由があります。また意識して接近して顔を舐めたり、うれしくて排尿したり、要求していないのにお手をしてきたりして、うれしさを伝えてくることもあります。こうした行動から犬のきもちを読み取ることもできます。

カーミングシグナルは犬同士でも行われ、おもに無駄な対立を避ける役割をしていると考えられています。

触れ合いも大切に

飼い主との触れ合いは犬の喜び。大好きな人になでられると、こころもからだもリラックスします。とくにきもちがいいのは、あご下、耳の付け根、首、尻尾の付け根やおでこなど。こちらがリラックスしていることも大事です。触ってほしくないのは、足先や肛門周囲から尻尾の先端です。顔に触れられるのをきらう犬も多いです。

犬のしぐさときもち

背中を向ける
敵意がないことを伝えるほか、「いまは自分に集中しないで！」、「それはしたくない」の合図のこともあります。

からだをかく
ストレスを感じてからだがかゆくなっているか、「いまは遊ぶよりもカキカキが大事なの（遊びたくない）」と伝えています。

鼻を舐める・舌を出す
ストレスで鼻水や唾液が増えているか、相手に敵意がないことを知らせるサインのこともあります。

ケンカの仲裁
群れのなかの安定を図るため、犬はムダな争いをきらいます。人の夫婦ゲンカの険悪ムードを和ませようとするのも、群れ時代の名残りかもしれません。

いぬ先生のお悩み相談室 1

惚れた腫れたのいぬ都々逸(どどいつ)

お悩み相談 その1

「飼い主さんが横になったら添い寝に行くのですが、寝相が悪くてどかされてしまいます。添い寝のコミュニケーションはあきらめたほうがいいのでしょうか?」

そういう思いを表すのによいものがあります。都々逸にして唄ってみましょう。

すねてみたのよ
布団の端へ
なんて悟りの
悪いひと

これからもいい添い寝をこころ掛けてください。

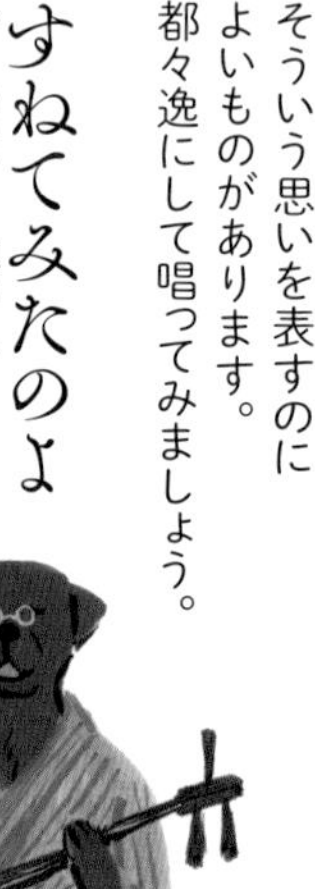

お悩み相談 その2

「うちの飼い主夫婦は、ケンカばかりしています。原因は私らしいのですが、このままで大丈夫でしょうか?」

まあ、この世で夫婦ゲンカを食べた犬なんていませんし。あなたは飼い主夫婦のかすがいになっているのですね。

あんなに惚れた
いいひとなのに
人目しのんで
犬画像

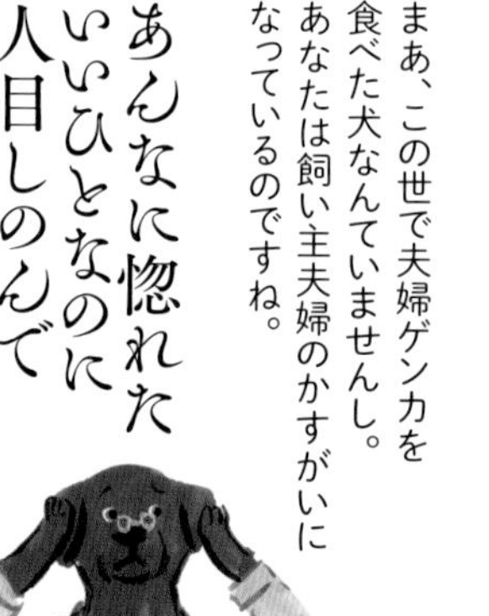

お悩み相談　その3

「散歩中、いつも同じ電柱や壁に、同じ気になるにおいがします。運命の相手だと思うので、どうしても直接、においを嗅ぎたいです。どうすれば会うことができますか?」

どこにいるのよ
だいじなお方
たぐりよせたい
赤い糸

気になる子（犬）がいる、
その子からのメッセージかも知れない
というお考え、いい話ですね。

お悩み相談　その4

「『シゴト』だとかいって飼い主さん、毎日、朝出かけて、夜帰ってくると『疲れた〜』と言います。ひどいときは、ろくに遊んでくれません。シゴトなんてなくなっちゃえばいいと思いませんか?」

遅くなるわけ
いちいち聞かず
家内のやさしさ
こわくなる

人間には仕事帰りの文化があります。
飼い主さんだって気にしているはずです。

生活編

PART 3

必要な遊びと運動

外を歩き、
いろいろなにおいを感じ、
知らない人や犬に会うことも、
犬には大切な
心身を育む時間です。

外でも家でもたくさん遊ぼう

散歩の時間が近づいてきたとき「そろそろ散歩だよね！」と向けてくる期待いっぱいの目。ちょっとリードに触れようものなら、時間などおかまいなしに「もしかして行くの？」とソワソワ。「本当に散歩が好きなんだね」。散歩や遊びの時間は、運動不足解消だけでなく、ストレス発散、本能の刺激といったたくさんのメリットがあります。歩いて走って、あちらこちらをクンクンして、穴を掘ったりボールを投げてもらったり、犬には大切な時間です。

運動と遊びで健康に

健康に大切な3つのこと

犬が健康に暮らすために大事なのは、「食事」、「運動」、「睡眠」。この3つが十分に満たされた生活が理想です。家族の一員として室内飼育が主流となった現代の犬の暮らしは、フードを食べるだけで理想的な食生活が送れ、雨風の心配なくいつでも寝られる申し分ない環境ですが、運動だけは飼い主が積極的に行動しなければ満たすことができません。庭につながれているよりも行動範囲は広がったかもしれませんが、部屋にこもりきりでは運動不足になってしまいます。食べて寝て、運動はしないとなると、これはもう肥満への道まっしぐらです。でも問題はそれだけではありません。

もともと犬は大の運動好き。運動不足ではストレスがたまってしまうし、いつも同じ部屋にいるだけでは退屈してしまいます。家具の脚をかじったり、ティッシュペーパーを撒き散らしたりするのは、ただ気まぐれにいたずらをしたわけではなく、退屈を知らせる犬からの抗議とも考えられます。いたずらの原因は私たちにあるのかもしれません。そうした問題を解決してくれるのが、散歩や遊びです。

散歩だけじゃない「運動」

豪雨や台風の日、どうしても散歩に行けないときに外へ出かけなくてもできるのが、家の中での「遊び」です。家の中でもからだを動かせば、運動にもストレス解消にもなります。それに、犬は飼い主とのコミュニケーションをとても大切にするので、一緒に遊ぶことで犬のこころは満たされます。

犬のお楽しみグッズ

紐や布を使った引っ張りっこやボール投げは、狩猟欲を駆り立てる遊びの代表格。積んだクッションなどの下に隠したおもちゃを探す宝探しゲームは、「掘り掘り」欲が満たされます。

また、犬はおもちゃも大好きです。子犬のころなら噛めるおもちゃで乳歯の抜けそうなムズムズを解消したり、ぬいぐるみなら獲物をくわえた感触が得られたり、素材や形状、目的に合わせたいろいろなおもちゃがあります。工夫をするとおやつが出てくる知育玩具はひとり遊びに最適で、犬が夢中になるおもちゃのひとつです。ただし、誤飲やケガにつながらないおもちゃを選びましょう。

本能を刺激する遊び

犬は飼い主と一緒に、楽しく遊ぶのが大好き！
動くものを追いかけたり、穴を掘ったりするのは犬の本能を刺激します。
そうした遊びは、運動にもストレス解消にもなり、犬との仲を深めることにもなります。
ただ、興奮させすぎないようにすることも必要です。

引っ張りっこ

ロープタイプのおもちゃや布を使って引っ張りっこ。犬を勝たせてはいけないといわれることがありますが、そんなことはありません。ほつれた糸くずの誤飲に注意します。

掘り掘り宝さがし

穴掘りは犬の仕事のようなもの。室内でなら、クッションやタオルなどを積んで掘り掘りを楽しんでもらいましょう。掘って宝（おやつ）が見つかれば大喜びです。

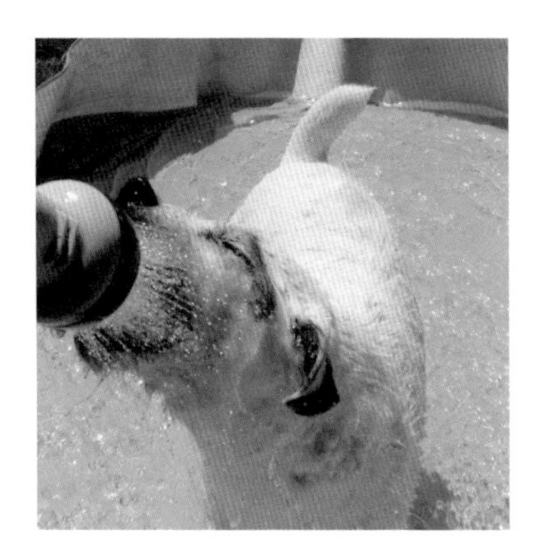

水遊び

レトリーバー系やニューファンドランド、セッターなど狩猟や漁を手伝う仕事をする犬種は、水が大好き。ぜひ水辺の遊びに連れて行ってあげてください。安全には気をつけて！

とってこい！

動くものを追う本能を満たすボール投げも、犬が好きな遊びです。捕ってきちんと戻ってこれるようトレーニングをすれば、ドッグランなど外でも楽しめます。

散歩は毎日の楽しみ

散歩のいいところ

散歩の目的は運動だけではありません。家から外へ出て歩くだけでも、犬のストレス解消になります。晴れの日なら日光浴もできます。たとえ毎日同じコースを歩いたとしても、天気や風、においは毎日違い、部屋で同じ景色を見ているのとは天と地の差です。また、家族以外の人や犬に会い、あちこちのにおいを嗅ぎ、さまざまなものを見ることは犬にいい刺激となり、社会性を育むためにも、とても大事です。道端にほかの犬が残したにおいを嗅ぐことで犬同士のコミュニケーションを図っているともいわれています。あちこちをクンクンしているのにも納得です。

「何かにおいがしているよ」。
毎日新しい発見があることでしょう。

散歩で毎日、健康チェック

毎日の歩行を観察することで、体調の変化に気付くことができます。いつもより活発さがなかったり、足を引きずっていたり、行動の違いからケガや病気を見つけられます。排泄物の異常に気付ければ、病気の早期発見につながります。

呼吸もチェックしたいポイントのひとつです。犬の呼吸数は安静時で1分あたり20～30回が正常ですが、呼吸数の異常と同時に呼吸の仕方がいつもと違っていないかを確認しましょう。とくにブルドッグやパグなどの短頭種は呼吸の問題を起こしやすいので観察してください。また大型犬は、食事直後の運動は避けること。胃捻転の要因になることがあります。

犬種・年齢別の運動量の目安

犬種や年齢による運動量は異なります。小型犬の散歩は、1日1回、30分～1時間程度が目安。朝夕2回30分ずつにしてもよいでしょう。小型犬は足が細いため、長時間の運動は負担になります。あまり散歩が好きでない場合は、室内で運動になる遊びをします。

「こんにちは、大きなからだですね」。
犬の友達に会うのも散歩の楽しみです。

歩くのが辛くなってもカートでお散歩。
外の風を感じるだけでも喜びです。

「あぁ、地面ってサイコーにいいにおい」。
いろんなにおいがこころを刺激します。

枯れ葉の上を歩くとかさかさ音がして、
きっと犬も秋の訪れを感じています。

中型犬は、1日2回または1回で、散歩時間は1時間程度。大型犬は、1日2回または1回で1時間～ 2時間をゆっくりと歩くのが理想です。また、からだの大きさと関係なく運動量の多い犬種や、たくさん運動しても太りやすい子もいるので、犬のタイプを理解することも大切です。犬が活動的になる時間帯は、朝と夕方。これに飼い主の生活スタイルに合わせて運動の時間を確保します。

高齢になると代謝機能や筋力が低下します。散歩をいやがるようになれば無理はしないこと。元気であれば1回約10分を目安に、1日に2～3回の散歩を続けることで足腰の衰えを予防できます。歩かなくなったらペットカートに乗せる、歩行補助のハーネスを使用するなどして外出するだけでも犬は喜びます。外の空気に触れることがストレス解消になります。

運動量は年齢とともに減少するので、散歩や遊びの時間を配分すること。愛犬の体調をみて調整してあげましょう。

散歩の時間だよ

犬に教えておきたいこと

外に連れて行く前に、犬には最低限の安全のためのしつけをしておきたいものです。たとえば呼びかけに対するアイコンタクト、「マテ」や「オイデ」(89ページ)を確実にマスターしていれば、多くの危険を避けることができます。立ち止まったときや歩き出すときには声をかけ、アイコンタクトをとりながら歩くことで、上手に散歩ができるようになっていくでしょう。

人やほかの犬を見て吠えたり、飛びついたりして迷惑をかけたり、大きな音に怯えて逃走したりというようなトラブルを避けるために大切なのは社会化トレーニング(160ページ)。お散歩デビューの前から、抱いて外を歩くなどして多くのものを見せ、音を聞かせ、外の世界に慣れさせておくことがとても有効です。

引っ張るのはダメ?

気になるにおいなど何かを見つけたときに、犬がリードを引っ張ることがあります。これは自然な動きですが、拾い食いや車、自転車などとの接触、大型犬では飼い主が転倒の危険があるので、リードでコントロールするようにこころ掛けます。

リードは常に短く持ち、犬がリードを引っ張ったら飼い主は立ち止まります。それ以上どこにも行けないことを学習させ、また一緒に歩きはじめます。このとき「行くよ」などと声をかけるといいでしょう。うまくできればほめる。これを繰り返すことで寄り添って散歩ができるようになります。

クンクンしてもいい?

犬と歩いていると、あっちをクンクン、こっちをクンクン、においの確認に余念がありません。これは犬の本能による自然な行動なので、無理にやめさせることはありません。欲求を満たしてあげましょう。ただし、汚い場所は避けること、拾い食いに気をつけること、さらにどこでも自由に嗅がせるのではなく、身勝手に右左に引っ張ったり、急に駆け出したりしないようにルールを決めて嗅がせるのが理想です。

犬はにおいを嗅いだあとマーキングとして、たいてい排泄をするので、家や店の前、人の迷惑になる場所ではにおいを嗅がせるのは避け、それ以外の場所でもマーキングをしたら水をかけるなどのマナーを忘れずに。

散歩のルール

犬がいやな人もいる

公共の場所であれば、犬がきらいな人も利用していることを忘れてはいけません。噛んだり吠えたり飛びついたりしないというしつけも、できていなければなりません。他人に迷惑をかけないことは犬を飼う以前の問題です。

リードは必ず使用する

巻尺タイプのフレキシブルリードは使用せず、リードは短めに持って散歩します。何かあったときに、すぐに犬を引き戻せられることが大切です。多頭での散歩は、リードが絡み合ったり、犬たちが広がったりしないように注意します。

トイレの始末はていねいに

排泄物は、ゴミ捨て場や公衆トイレに捨てずに自宅に持ち帰ります。人通りの多いアスファルトでの排尿は、トイレシートに吸い取り、マナー水を掛けて処理します。その間、リードは短めにして、人や犬との接触には十分に注意をしましょう。

ほかの犬が近づいてきたら

声を掛け合い、道を譲ること。道の反対側に移動するか、せめて相手とは反対側に犬を寄せ、すれ違うまでリードを短く持ち、知り合いの犬でないかぎり犬同士の接触は避けましょう。人通りの多い時間帯や場所への散歩はなるべく避けましょう。

拾い食いに注意する

犬が何かを見つけたらリードを短く持ち、犬の口が地面に届かないよう調整します。また道端や公園の植物には犬にとって有害なものがあり、除草剤が撒かれていることもあるので、口にしないよう注意が必要です。

逃走防止

首輪やハーネスとリードは確実に装着すること。サイズが合っていないと、引っ張ったときに抜けてしまうことがあります。もしも逃走してしまったときのためには、首輪への鑑札、マイクロチップの装着が有効です。

〈続〉散歩の時間だよ

真夏の散歩は要注意！

気温が40℃に迫るような猛暑の日もある日本の夏。外に出るのを躊躇してしまいますが、そんな日でも犬は「散歩に行きたい！」と思っています。暑さ続きで散歩もサボり気味……では、犬が気の毒です。ただ外へ出れば、犬だって暑い！　からだの構造上、犬は人よりも熱を逃しにくいのです。

路面近くを歩く犬を地面からの熱気が襲います。地面に近づくほど温度は高くなるため、犬は私たちが感じているよりも5℃ほども高い温度のなかで歩いていることになり、熱中症が心配です。また日差しによって50～60℃もの熱さになったアスファルトで肉球が火傷してしまうことも。真夏の散歩は日が照りつける時間を避け、早朝、夕方以降にするのがベストです。歩き出す前に、地面に触れて温度を確かめてみること。あまりに暑い日は、散歩をガマンしてもらうことも考えましょう。そんなときは、エアコンを効かせた室内でたくさん遊んであげてください。同様に、強い雨の日や台風の日も無理な散歩は避けましょう。なかには雨がきらいな犬もいます。

また、暗い時間の散歩では、ライトを持参する、リードに反射テープを付けるなどの安全対策を忘れずに。

灼熱地獄のアスファルト

夏の散歩は熱中症に、くれぐれもご注意を。
日を浴びたアスファルトは、想像以上の猛烈な熱さです。

子犬の散歩デビュー

最後のワクチン接種が済んで1週間したら一緒にお出かけができます。お散歩デビューが失敗しないように、家で練習してみましょう。まず首輪やハーネスを装着することに慣れさせます。リードのトレーニングには首輪が向きますが、小型犬など首の細い犬にはハーネスが安心です。

次にリードをつないで家の中を歩いてみましょう。幼いころから窓の外の景色を見せたり、車の音を聞かせたり、もう少し大きくなったら抱っこで近所を歩くなど、少しずつ家の外の世界に慣れてもらうとよいでしょう。

大切なのは散歩を好きになってもらうこと。いよいよ外に出て、まだ怖がるようならば無理は禁物です。犬は本来、外が好きなので、すぐに「散歩って楽しい」と思ってくれるでしょう。

迷子になってしまったら

脱走・逃走は交通事故の危険もあり、絶対避けたい事態です。玄関ドアや窓の開閉時、散歩の際には細心の注意を！　もしも迷子になってしまったら、いつもの散歩コースや友達の家、お気に入りの公園など、すぐに近所を探しましょう。このとき犬を散歩させている人などに目撃情報を聞きます。

見つからなければ翌日までに、地域の交番か警察署、保健所、自治体の動物愛護相談センターに届け出ます。事故にあっていることも考えられるため、地域の清掃事務所、動物病院に運び込まれていないかを確認します。

昔ながらの手段として、犬の写真を貼ったチラシは効果的です。犬好きの人の目につくよう、写真を大きく使うのがポイントです。街頭に無断で貼るのは法律・条例違反になることがあるため、貼り出す場合は自宅、知人宅、動物病院、ペットサロンなどにお願いします。またSNSも積極的に活用しましょう。あっという間に情報が集まり、早く発見できるケースが多いです。ペットの迷子情報を書き込め、情報収集できるサイトやアプリもあります。

犬猫SNSアプリ「ドコノコ」の
【迷子捜し機能】

犬や猫と暮らすと、迷子になるのが心配ですが、迷子を捜すには、どうしても人手が欠かせません。そこで、万が一うちのコが迷子になったときには、位置情報を利用してご近所のユーザーへ通知。専用の掲示板で迷子捜しの協力を呼びかけます。一緒に捜してくれる仲間がいれば、きっと心強いはず。あらかじめ登録されたプロフィールをもとに自動的に生成されるチラシはコンビニなどで印刷して配布することも可能です。迷子捜しは人海戦術。「ドコノコ」のユーザーが増えれば増えるほど、迷子の見つかる可能性は高まります。

迷子になったとき、すぐに使えるわかりやすいマニュアルブックを、どなたでも無料でダウンロードできます。犬編と猫編があります。

今日はどこまで歩こうか？

よーし、今日もいっぱい走るぞー！

ああ、いいにおい。

雪の感触が楽しいな。

What game shall we play today?

コスモスがきれいですね。

きゃっほー。ジャーンプ!!

猫さん発見。仲良くできるかな？

ボール投げて！　早く投げて！

ねえねえ、どっちの道に行く？

いま実は、とっても楽しいです。

犬さんのリアルな悩みに答えます

いぬ先生のお悩み相談室 2

いぬ川柳にきもちをのせて

お悩み相談 その1

「今日もまた、飼い主さんの靴をハウスに運んで怒られました。いいにおいがする=大好きの印なのに、なぜ怒られるのか、まったく意味がわかりません」

かいでみた
だいじなものと
しってるから

飼い主さんの汗のにおいが大好きなのはわかりますが大切にしている靴であることを知っての行動。あなたはストレスを抱えていませんか？少しリラックスした生活環境に。

お悩み相談 その2

「最近、カリカリごはんに、おいしいものが少しだけのせてあります。あの上のものだけをお腹いっぱい食べるには、どうすればいいですか？」

いぬごはん
おいしくおもえば
ワンダフル

トッピングごはんを作ってくれているのですね。すばらしい。おいしいでしょ？でもカリカリは総合栄養食、残さず一緒に食べましょう。ひとつ、よいことを教えましょう。

お悩み相談　その3

「保護犬ですけれど、新しい飼い主が見つかるかどうか不安です。ヒトに気に入られるコツがあったら教えてください」

今や保護犬の時代です。
気後れとはオサラバしましょう。
「吉報は寝て待て」です。

ほごいぬの
おへやさがしは
ひとまかせ

お悩み相談　その4

「からだを悪くして療法食を食べているのですが、どうしても食欲がわかなくて……。ジャーキーとかビスケットを食べたいのですが、ダメですか?」

ダメですね。

じゅういしの
とめるたべもの
みなうまし

生活編

PART 4

快適な住まい作り

私たちが暮らす家は、
家族である愛犬にとっても、
快適で安心できる
家であるべきです。

安心できる場所はどこ？

　犬の居場所をどこにするか？　サークルで囲うか、家中フリーにするか、ハウスとトイレはどこに置くか、悩ましい問題です。住宅事情や犬の性格に合わせて家庭ごとにルールを決めればよいのですが、犬が落ち着いて過ごせることを第一に考えます。大切なのは、家族がともに過ごせること。犬は、ひとりぼっちでさみしく過ごすのは苦手です。そしてもうひとつ、家の中は犬にとって安全か。意外なものが危険となり、事故につながることがあります。

暮らしたいのはこんな家

一緒にいられれば幸せ

犬と一緒に暮らす大切なポイントは、犬が安心して暮らし、人も快適に暮らせることです。犬は基本的に人が大好き。家族と一緒にいられて、自分の居場所で休息できれば、十分幸せです。

犬が安全に安心して暮らせるような住まいを作るのは、飼い主の役割です。これから犬を迎える場合には、見直さなければいけない個所があるかもしれません。

犬の暮らしに必要なもの

犬が多くの時間を過ごす家。できるだけ居心地のよい場所にしてあげたいものです。用意すべきなのは「落ち着ける場所」。クレート（プラスチック製などのキャリーケース）などを用いたハウスが、これにあたります（69ページ）。また、幼いうちは家の中でも激しく遊びます。犬が安全に動きまわれる場所も作りましょう。外が眺められ、風が通る窓があれば外の気配を感じられ、ストレス解消になります。

大前提となりますが、犬を迎えるときには、いま暮らしている家が犬の飼育に適しているか？　飼おうとしている犬種に合う家かどうか？も考えるべきでしょう。ワンルームに大型犬では、やはり犬が気の毒です。

犬にやさしい家作り

第一に考えたいのは、犬にとって危険な場所・ものをなくすことです。細々としたものを片付けるのも有効ですが、キッチンなど犬にとって危険のある場所はゲートを設けるなどして立ち入り禁止にするのも、ひとつの方法です。立ち入り禁止にする場所は、家庭ごとにルールを決めましょう。

家のパーツとしては、床に注意が必要です。ツルツルした床は滑りやすく、関節に負担をかけてしまうため、好ましくありません。犬が歩きやすいのは、コルク床やクッションフロア。犬の居場所に用いるだけでもよいでしょう。

カーペットは滑りにくいものの、抜け毛の掃除、粗相の始末のしやすさで劣ります。またパイルカーペットは爪が引っかかるので犬には不向きです。

フローリングも悪くありませんが、木の種類、ワックスの有無などで滑り方が変わるので、犬が左右対称に座れているか？を目安に、できていないようなら部分的にでもいいので滑り止め対策をします。

快適な寝床

ふわふわ、もこもこ系のベッドは犬の大好きな場所。ぐっすり眠ることが、健康へもつながります。静かな場所に置いてあげましょう。

安心できるハウス

常に入っていなくたっていいのです。自分の「巣」となる落ち着ける場所があると犬は安心します。

景色を見られる窓辺

おうちの時間が長くても、窓から外を見るだけでワクワクする時間を過ごせ退屈しません。

犬種と頭数に合った空間

ちょっと走りまわったり、おもちゃで楽しく遊べるくらいのスペースを確保できればベターです。

外のにおいと空気を嗅げる場所

家のテラスや庭に犬が遊べるスペースがあればパーフェクト。何せ犬はお外が大好きです。

落ち着ける場所を作ってほしい

ハウスを快適な場所にする

犬はもともと巣穴を掘って、薄暗くて狭い場所を寝床にしていました。家の中にもそうした場所があると安心して暮らすことができます。また犬には縄張りの習性があるため、人と居住空間を分けることで落ち着きます。

雨風がしのげる家の中にいても、ハウスが犬にとって一番落ち着ける場所になるよう、子犬のころからハウスで過ごすことを習慣づけましょう。

犬の居場所はどこがいい？

トイレ問題など危惧すべき問題がなければ家の中をすべてフリー（立ち入り禁止の場所は除き）にすることができます。その場合もハウスとしてクレートを用意すると犬が落ち着ける場所となります。声かけで、みずからハウスに入るようになれば、お出かけや災害時の避難のときにも安心です。

フリーにしない場合は、ケージやサークルで「犬の居場所」を囲い、中にハウスやトイレ、水入れを配置します。犬はきれい好きなので寝床を汚すのをきらいます。ハウスとトイレが近すぎると、トイレ以外の場所でしてしまうことがあるので注意します。

敷地に余裕があれば室内にこだわらず、庭に大きめの屋根付きサークルを用意し、中に犬小屋（ハウス）を入れて使ってもよいでしょう。

犬の居場所をどんなスタイルにする

本能を満たしてくれそうな
ぴったりサイズの自作の寝床です。

「お気に入りのおもちゃと一緒なら、
どこでもぐっすり眠れるの」

狭いかな？と思うような場所も意外と落ち着くようです。

かは、インテリア性や掃除のしやすさを考慮し、部屋の広さ、人間の好みやライフスタイルに合わせて選ぶとよいでしょう。

ハウスのサイズと設置場所

犬にとって安心できるサイズがあります。解放感を感じるのは散歩や運動のときくらいで、ハウスではフセができて方向転換できる広さがあれば、犬は十分、快適なのです。サークルで囲う場合は、成犬時に後ろ足で立って1.5倍の高さのものを選びます。

犬は飼い主と一緒にいると安心してくつろげるので、犬から飼い主の見える場所、もしくは気配を感じられる場所に設置します。背後に壁があると落ち着きます。適度に陽が当たり、風通しがよく、温度が安定していることも望まれます。エアコンの風が直接当たる場所、テレビの近くや人通りの多い場所は避けましょう。

人の暮らしに合わせて夜更かしをする犬、明るくてもよく眠る犬もいますが、やはり夜は月明かり程度の明るさを限度として、暗くしたほうが安眠できます。明るい部屋でも眠れますが、体内時計を整えるためにも、夜は暗く落ち着いて眠れる場所を確保してあげましょう。

ハウスの適切サイズ

オスワリ、フセをしたときに、高さ、長さともに、5～10㎝の余裕があるサイズを選びます。中でUターンできないようだと狭すぎです。

トイレは失敗したくない

どんなトイレがお好み？

犬のトイレは、トイレトレーに吸水性のあるペットシーツをセットして作るのが一般的です。オスかメスか、足が長いか短いか、胴が長いか短いかによって形やサイズを決めます。

ポピュラーな「フラットトイレ」は、しゃがんで排泄する子向き。足を上げて排泄するオスには、壁にもシーツを取り付けられる「壁付きタイプのトイレ」を選びます。トイレには、レギュラー、セミワイド、スーパーワイドといったサイズがあります。犬は排泄する場所を決めるのにクルクル回るので、回ったときにからだがシーツのサイズに収まるかを目安にサイズを選びます。

トイレは清潔第一で

子犬を迎えて最初のうちは、シーツを敷きつめたサークル内をトイレにし、トレーニング（89ページ）を重ねるうちに、決まった場所で排泄するようになるので、シーツの面積を減らしてトイレを決めます。うまくいけばほめ、おやつを与えるなどして教えていきます。

いつまでも失敗してしまう原因は、トイレやシーツの汚れによる嫌悪感か

ときにはハミ出すこともある

頭がトイレに収まっていても、お尻がはみ出していることはよくあります。
当人（犬）は「上手にできた！」と思っているようですが……。

必ずマスターしたいのが、トイレでの排泄です。
トイレが気に入らなくて失敗することもあるので気をつけて。

らであることが多いです。犬はきれい好きなので、足が汚れるのをいやがり、汚れを避けたいがためにトイレからはみ出して排泄してしまうのです。できるだけトイレは清潔を保つこと。トイレに囲いを取り付ける、サイズを大きくするなどの対策をします。しかし、日常的に不満や不安があれば、意識してはみ出したり、別の場所で排泄することもあります。

またトイレは、落ち着いて安心できる場所に設置します。廊下などの人の行き来がある場所は不適切。また夏は暑く、冬は寒い場所も避けましょう。愛犬の立場になった置き場をさがしてあげましょう。

オスとメスのトイレ事情

オスは縄張り意識が強いので、散歩中など自分のテリトリーにおしっこをします。たとえば電柱などに足を上げて「できるだけ高い位置に」マーキングします。高い位置であればあるほど「オレは強いぞ！」とほかの犬に誇示しているのです。逆にメスはオスほど縄張り意識も強くなく、ほとんどがしゃがんで排尿します。性別に関わらず、個性ある排泄をする子もいます。

散歩中の排泄を覚えると、家でしなくなることがあります。外のほうが開放的だからか、家を汚したくないからか、理由はわかりませんが、家でトイレができないと、悪天候や病気で散歩に行けないとき、高齢犬になったときに飼い主も犬も苦労します。また最近は、自宅で排泄させてから散歩に行くというマナーもできつつあります。

家でのトイレをやめてしまった場合でも、声かけのトレーニングなどで再び家でできるようにもなるので、できればチャレンジしてみましょう。

家で過ごすのも好き

このまま寝ようか、それとも遊ぼうか。

ボール？　ロープ？　遊ぼう!!

そこのおもちゃ、取ってもらえますか？

I like a comfortable home.

暑いのが苦手なもので。

ねえ、これ投げて。

それっ！　あっ！

お腹ひんやりきもちいいね。

楽しいったら、楽しいな。

これ、噛んでもいいやつだよね。

暑い・寒いで病気に!?

意外と暑がりな犬の適温

人は、気温や室温などの環境温度が30℃を越えると熱中症による死亡数が増加する傾向がみられます。対して犬は、環境気温22℃以上、湿度60％以上と、あまり暑くなくても熱中症の発症がみられます。犬の体温は人よりも高めですが、汗をかく機能を全身にはもっていないので熱をため込みやすく熱中症にかかりやすいのです。気温が上がりはじめる4～5月から暑さ対策をする必要があります。

犬種にもよりますが室温が23～26℃程度になるようにエアコンを設定し、廊下や玄関、用意したクールマットなど、みずから涼しい場所に移動できるようにしてあげましょう。すだれやカーテンで日差しを遮ること、エアコンや除湿機による除湿も大切です。

熱中症への注意

真夏の日中の散歩を避けることはもちろんですが、室内でも熱中症は起こります。診察室では犬の体温が40℃近ければ熱中症と診断します。なかでもパグやペキニーズなどの短頭種は要注意。呼吸器疾患、心臓疾患のある犬、太っている犬も熱中症になると危険です。暑さに気付いてあげられない留守中はとくに注意。家を出るときに涼しくても気温が上がりそうならばエアコンをつけ、夏の外出時に車の中で待たせるのも厳禁です。

犬が、パンティング（舌を出してハァハァすること。これで体温調整をしている）をしていれば、暑がっているサインです。涼しい場所に移動し水分補給させます。それでもハァハァするようなら、氷や保冷剤を脇や股間に当てたり、風を送ったりしてからだを冷やします。嘔吐、血尿、けいれんはもちろん、意識がなければただちに冷やしながら病院へ。

このほか夏は、日差しによる日光皮膚炎、室内では花火や雷の騒音恐怖と、それによる逃走。草が生い茂るころに撒かれる除草剤も危険です。

寒さには強い?

「ベルグマンの法則」によると、同じ種でも寒冷な地域に生息するものほど体重が大きく、寒さに耐えられるといわれます。寒い地域が原産のシベリアンハスキー、サモエド、秋田犬などは、体重もあり、ダブルコートと呼ばれる2種の被毛によって、寒さに耐久性が

四季の移り変わりも楽しみ

気温や風の様子から、犬も季節の変化を感じ取り、快適に過ごす工夫をしたり、自然を楽しんだりします。

あります。いっぽうでシングルコートと呼ばれる被毛のトイプードルやチワワは、寒さに弱いとされています。

ただ野生動物ではない犬は、生活環境によっても変わり、暖かくしている家の中で暮らしている犬と屋外で暮らしている犬とでは、寒さに対する強さは違います。

冬の室温は21～24℃が適温です。室内では、ストーブやホットカーペットによる低温火傷に注意。屋外では、雪の日など、路面に撒かれた不凍液や融雪剤が足裏に付着するので、足を舐めないように注意してください。中毒の原因となります。

春と秋の注意点

快適な季節ですが注意したいこともあります。春は、換毛期なのでブラッシングで抜け毛の手入れを。花粉などによる季節性の犬アトピー性皮膚炎、蚊が媒介する犬フィラリア症（153ページ）にも注意が必要です。

秋の降雨後に多い犬レプトスピラ症は、秋疫とも呼ばれる人獣共通の感染症です。不潔な土壌や川、池の水から感染するので、近寄らないように注意します。犬レプトスピラ症に対応したワクチンの接種も有効です。

家の中には危険がいっぱい

危険その① キッチン

火や油、刃物、ゴミ箱、犬には毒になる食べものなど、家の中でもキッチンは、火傷や中毒などの事故の危険がいっぱいです。留守中の犬がコンロのプッシュ式スイッチに触れてしまい火事になった、という事故も起こっています。触れさせたくないもの、口にすると危険なものはきちんと片付けることが第一ですが、それでも思わぬミスは起こるもの。キッチンはゲートを設けるなどして立ち入り禁止にするのが無難です。

危険その② 階段・段差

とくに小型犬では、階段の上り下りは脱臼や骨折の心配があり、下りの体勢は腰に負担がかかります。高齢犬も同様に階段や段差はからだに負担がかかります。

また滑りやすい階段では転落の危険もあります。ゲートを設けるなどして、なるべく使わせないようにしましょう。それが無理な場合は、滑り止めのシールを貼るなどの対策をする、可能であれば段差を緩やかにする、スロープを設けるのも有効です。

危険その③ 電気まわり

電気コードや充電ケーブルをかじったり、コンセントに手や鼻を触れて感電したり、おしっこでコンセントを濡らしてしまいショートしてしまうという思わぬ事故も起こっています。留守中なら火事にもなりかねません。コード類は犬が触れられないように整理して収納、壁のコンセントには赤ちゃん用に市販されているカバーを用いるなどの対策を。危険なものは隠す、すべてのものに共通する重要事項です。

危険その④ 出入り口

脱走事故を防止するためにも、出入り口の安全確保は厳重に！　宅急便を受け取っているすき、ちょっと換気をしようと窓を開けたときなど、脱走はあっという間に起こります。また、人の動作を見て覚えるのか、引き戸やハンドル式のドアを開けてしまう犬は少なくありません。閉めたつもりでも油断は禁物です。玄関ドアや勝手口、掃き出し窓の手前にゲートを設けるなどの対策を。飛び出しをすぐに止められるよう「マテ」や「止まれ」のトレーニングも大切です。

立ち入り禁止の注意点

立ち入り禁止の場所は扉を閉めるか、ゲートを設けます。ゲートはペット用、ベビー用が市販されていますし、ワイヤーネットを使ったDIYもできます。活発な犬だとジャンプしたり、登ったりして乗り越えてしまうので、高さは成犬が立ち上がったときの1.5倍。横桟があると足場になってしまうので縦格子のタイプを選びます。中〜大型犬なら力づくで開けてしまうのでロックをつけるなどの対策を。

こうした物理的な対策のほか、入ってはいけない場所を犬に理解してもらうことも大切です。たとえば小さな段差でも犬は「ここからは別の場所」と認識します。この先は入ってはダメと言ってきかせれば、覚えてくれます。

イタズラが見つかったときは、そろってみんな、こんな表情。
怒りも消えてしまいます。さあ、片付けようか。

〈続〉家の中には危険がいっぱい

誤飲・誤食に注意!

食べもの以外のものにも誤飲・誤食の危険があります。子犬のうちは、比較的、何でも口にするため、あらゆるものに注意が必要です。遊んでいるうちにボールを飲み込んでしまう事故も起こり得ます。消化できないものなどを飲みこむと腸閉塞を起こすおそれもあり、ファイバースコープで摘出するか、開腹手術をするしかありません。

食品のにおいがついたラップフィルムやレジ袋、菓子の空き袋、焼き鳥の串やアイスの棒、ボタン型電池や飼い主のにおいがついたアクセサリーなども誤飲の多いアイテムです。消化できないばかりか、内臓を傷つけるおそれもあり、十分に注意が必要です。

ほかにもある室内の危険

観葉植物

観葉植物のなかには犬には毒となる種類もあります。ポトス、ポインセチア、アロエ、ユリ科の植物全般などがその代表格です。植物を置く場合は必ず犬との相性を調べてください。

薬品類

殺虫剤や殺鼠剤、農薬、各種防虫剤などの薬品はもちろん、洗剤や漂白剤、灯油などの日用品にも要注意。殺虫剤の多くに使われているピレスロイド系という成分は人、犬には影響が少ないといわれていますが、ディートという成分は人への使用に制限を設けている国もあり、犬にも使わないほうが安全。人間用の医薬品の多くも犬には危険です。

アロマオイル

精油の香りや有効成分が心身に作用するアロマテラピー。犬に実践している人が多いのがストレスケアとしての芳香療法ですが、実は注意が必要です。精油は100%自然のものだから安全というのは誤解で、長期間香りを吸い込むと慢性中毒を起こすと報告されている精油もあります。使用の際は、必ず専門家に相談しましょう。

あら、丸ごと白菜食べちゃったのね。
犬がOKな野菜だからセーフだけど、
盗み食いはダメですよ。

「噛む」は犬からの合図

家具を噛んだり、本をビリビリに引き裂いたりするのには、犬なりの理由があります。幼犬期には歯の生え変わりで歯茎がムズムズしてしまい、噛み心地のよいものを見つけてはかじります。その時期以外で歯茎がムズムズすることはないので、運動不足や退屈、不満があるなどで、ストレスが発散できずにものをかじったり破壊したりしてしまうのです。つまり飼い主にかまってほしいアピール。また騒音などに不安を感じ、ストレスから解放されようとしてかじってしまう場合もあります。

犬は、幼いころに兄弟犬との遊びのなかで、じゃれたり噛んだりしながら交流を重ね、どれだけの力で噛めば痛いのかといった力加減を学んでいきます。これが犬の社会化期です。生後早いうちから親・兄弟犬から離してしまうと、噛むことを含めたコミュニケーションを学習できず、結果として、力加減を学ばないままに噛みつく本能だけが残ってしまうのです。

それにかぶりついても、
おいしい部分を食べるのは
難しいと思いますよ。

木の枝なら、いくらでもかじっていいよ。
カミカミおもちゃも有効です。

かじられて困るものは犬の届かない場所に片付けること。家具の脚などにはカバーをする、かじるものが多くある場所には行かせないことが第一です。犬がいやがる苦いスプレーなども市販されています。いっぽうでおもちゃなど噛んでいいものは積極的にかじってもらいましょう。

かじってしまったら毅然とした口調で「ダメ」と伝え、噛んでもいいおもちゃと交換します。大声を出しすなど過剰に反応すると「飼い主が反応してくれた（喜んでくれた）」と勘違いして、より噛み癖がひどくなるので、毅然とした態度が大切です。

一緒に避難できますか

犬のための防災グッズ

環境省の「災害時におけるペットの救護ガイドライン」や公益社団法人東京都獣医師会発行の『ペット防災BOOK』では「避難時にはペットとの『同行避難』」と推奨しています。同行避難とはペットと一緒に避難すること。まず、ペットは連れて逃げていいことを、知っておきましょう。

いざというときに備えて、愛犬用にも非常用持ち出しセットを準備しておくことも必要です。使い慣れたものを持っていけば、少しでも犬を安心させられます。治療中の療法食や薬があれば忘れずに。

非常持ち出しセットに入れておきたいもの

- 犬を入れるハウス（クレート）
- 数食分のドッグフード
- 水は1頭0.5～1ℓ
- プラスチック皿
- ペットシーツ数枚
- 救急セット
- 名札・連絡先付き首輪（ハーネス）
- 予備の首輪、リード
- 迷子札、犬の写真

※スマホなどに犬の画像があれば役立ちます。

日ごろからしておきたいこと

すぐに避難すべき緊迫した状況で、犬がいうことを聞いてくれるとは限りません。緊張感を察してできていたことができなくなることもあるでしょう。

そこでマスターしておきたいのが「クレートトレーニング」。声かけでハウス（クレート）に入れるようにしておくことです。ふだんからクレートが安心できる寝床になっていれば、避難先でもストレスが抑えられます。

忘れてはいけないのは、ワクチン接種やノミ・ダニ駆除薬の服用・投与です。知らない場所での生活で免疫力が下がって体調を崩しやすいこともあり、病気や害虫をうつされたり、うつしたりしないためのマナーでもあります。

混乱のなかでは逃走の危険もあります。リードや首輪は、破損のないものを正しく装着すること。もしも、はぐれてしまったときには、鑑札や迷子札、マイクロチップが役に立ちます。

緊急時に犬も含めた家族の身を守るのは、とても大変なことです。ペット同伴の避難訓練をしている自治体もありますし、それがない場合もシミュレーションをしておくとよいでしょう。

「もしも」のときは、いつきてもおかしくありません。
大切な家族（人も犬も）のために、備えは万全にしたいものです。

大型犬の避難

大型犬は小〜中型犬のようにクレートで運ぶのは困難です。リードをつないで歩くにも、がれきなどがあれば、裸足の犬は危険です。状況によっては、犬は家で待機、人は避難所から犬の世話に通うという方法もあります。自動車のカーゴスペースに、ケージやクレートで犬の居場所を作り、フードと水を持ち込めば車中泊避難もできます。狭い場所で過ごす車中泊避難では、人も犬も健康状態には十分気をつけてください。犬の大きさにかかわらず、一時預かりのサービスの利用も検討しましょう。

避難生活の注意点

同行避難が推奨されていますが、これはペットと一緒に安全な場所まで避難するまでの行為のこと。避難所でペットを飼育できる「同伴避難」とは異なります。この同伴避難ができる避難所は少なく、できる場合でもペットの飼育場が別にあるなど同じ部屋で過ごせるとは限りません。同行避難と同伴避難の違いを理解し、近所の避難所はどんな対応をしているのか、あらかじめ確認しておく必要があります。また避難中は犬もストレスを感じ、体調を崩しやすくなります。健康状態のチェックを怠らないように気をつけます。

生活編

PART 5

必要なしつけとトレーニング

しつけとトレーニングは、愛犬の健康と安全を守るため、お互い幸せに暮らすために行います。

ちゃんとしつけができるかな？

人にとっても犬にとっても、しつけは一大事。しつけについて知れば知るほど、自分にうまくできるのか？　失敗したら問題犬になるの？と心配になってしまいます。しつけやトレーニングは、犬と人が安全に暮らせるように行うもの、つまり目的は犬の幸せです。最近は、いいことをほめるしつけが主流で、昔のように叱って従わせるのは、犬のためにならないとまでいわれています。行動学に基づいた方法など、犬に寄り添ったしつけができる時代になっています。

アニーとベイリーはファシリティドッグです。ファシリティドッグとは、病院などの施設に常勤して活動するために、専門的に育成された犬のこと。この犬を扱うため、特別なトレーニングを受けたハンドラーと呼ばれる看護資格をもつ専門職とチームを組んで活動します。ベイリー（写真右）は、2010年から2018年まで活動した日本初のファシリティドッグ。アニー（写真左）は、ハンドラーの森田優子さんと神奈川県立こども医療センターに常勤しています。ファシリティドッグは、ときどき訪れて短い時間だけ触れ合うだけでなく、毎日勤務して、闘病中の患者さんと触れ合ったり、検査や手術室への付き添い、リハビリ支援など、入院治療している子どもたちのこころとからだに励みを与えています。

一緒に学んで ともに幸せに

怒られても止められない

犬は群れで行動する動物です。私たち飼い主と犬は家族であり、同じ群れの仲間です。犬は動物としての本能から、群れやその縄張りを守ろうとします。また、狩猟本能によって動くものを追いかけたり、穴を掘ったりします。こうした本能による行動を、ただ「ダメ」と叱っても止められるものではありません。犬の生態を知らずに、むやみに行動を制限しようとしたり叱りつけたりするだけでは、しつけはうまくできません。

それでも家族として、犬と人が安全に安心して一緒に暮らすためにはルールが必要です。そのルールを覚えてもらうために、しつけやトレーニングがあります。犬は頭がよいので、ほめたりごほうびを与えたりしながら繰り返し教えることで、いろいろなことを覚えてくれます。それを楽しいとさえ思ってくれます。「これ」という決まったルールはないので、それぞれの家庭に合ったルールを作ればよいのです。しつけ、トレーニングの方法は、以降の項目で解説します。そして、犬には本能的にやめられないことがあることは覚えておいてください。

犬にもアサーティブトレーニング

「アサーション」とは、自身と相手を大切にした自己表現という意味。ビジネスの場などで円滑なコミュニケーションをとるスキルとして、お互いを尊重しながら意見を交わす「アサーティブ・コミュニケーション」、そのための「アサーティブ・トレーニング」が注目されています。この人対人のコミュニケーション・スキルは、動物との間にも応用することができます。犬との関係においても、相手のきもちを大事に扱う、相手に歩み寄るきもちが大切です。

犬はことばは話しませんが「自分のことを知ってほしい」、「見てほしい」、「理解してほしい」と、そのきもちを行動やしぐさで伝えてきます。それは犬にとって重要なコミュニケーション方法です。犬の自己表現に気付き、反応する（話しかける）。犬もまた、人の自己表現をくみ取り反応をする。お互いが満たされたきもちになります。愛犬に自己表現をしてもらうコツは、よく話しかけてコミュニケーションをとることです。伝える〜理解してもらうことを続けるうち、表現力が上がり、読み取りができるようになります。

家族仲良く、安心して暮らすために

私たちにとって犬は家族の一員ですが、犬のほうも私たちを家族と思っています。
互いを思いやりながら、家の中のルールを作り、ともに学んでいきましょう。

トレーニングで幸せに

「ハズバンダリー・トレーニング」ということばを聞いたことがある人もいるでしょう。日本語では受動動作訓練といい、ことばのとおり、動物が積極的にその行動をとれるようにする訓練です。特定の合図によって、掃除をするから場所を移動してもらう、採血をするために腕を差し出す、などの訓練が動物園や水族館ではすでに実践され、成功しています。みずから行動するわけですから、これらの行動をするときに動物は苦痛を感じません。スムーズにケアや治療ができることはもちろん、行動に対してストレスを感じないことから、とてもやさしいトレーニング法といわれています。

家庭内の犬にもこの方法は有効で、あらゆる面にハズバンダリー・トレーニングが役立ちます。その方法は、その行動をしたらいいことが起こると覚えてもらうこと。つまりごほうびです。トリーツやたくさんほめることはもちろん、一緒に喜ぶことも、犬にとっては立派なごほうびです。その具体的な仕組みは、次ページで解説します。

ほめられて伸びるタイプです

しつけは楽しみながら

ほんの50年前まで、犬には番犬の要素が強くありました。庭で飼うのが一般的で放し飼いにする家庭もありました。しかし高度成長とともに室内飼育が主流となり、品種へのこだわりやしつけの本質も変わっていきました。

犬の行動学から“叱る”しつけはネガティブで、“ほめる”しつけがポジティブだということが明らかになりました。犬はほめてもらうことを非常にこころよく思い、この行動をすればよいことがあると思ってその行動を高めようとします。この犬によいこととは、食べもののことです。しかし、ごほうびだけでつながる関係では私たちも犬も寂しく感じてしまいます。

ごほうびが目当てなの?

しつけには、ごほうびという報酬で行動を獲得する「オペラント条件づけ」があり、やがて報酬なしでも信頼関係により行動する「古典的条件づけ」へと移行します。そもそも犬は報酬ほしさに行動しているわけではないので、その移行は早いのです。

たとえば、「オテ」は、報酬で獲得される“オペラント条件づけ”による行動です。でも犬は報酬ほしさに行動しているわけではなく、飼い主に喜んでもらいたいだけなので、やがては報酬なしでオテをします。この強化を獲得したことは“古典的条件づけ”によるもので、強い信頼関係が生まれたことになります。かつては主従関係にありましたが、いまは犬からの信頼を得るようなしつけが主流です。ダメで叱るより、ほめて覚えるトレーニングのほうがお互いに楽しく幸せです。

うまくいかなくても焦らない

しつけやトレーニングは、社会化期といわれる14週齢までに行うのが望ましいとされています。ある程度、成長した保護犬を迎えるケースでは、一般的にいわれるしつけの方法でうまくいかないこともあります。そんなときでも、犬のきもちに寄り添い、時間をかけてひとつずつクリアしてくことは可能です。プロのアドバイスを受けるのもよいでしょう。

犬のきもちとしつけの仕組み

犬の行動①	起こること	犬のきもち	犬の行動②	将来の行動
トイレでおしっこができた	ほめられた	いいことが起きた！〈正の強化〉	①の行動が増える	トイレを覚える
ゴミ箱をあさった	おいしかった			またゴミ箱をあさる
廊下の足音に吠えた	足音が去った	いやなことがなくなった！〈負の強化〉		足音がすると吠える
よその犬に飛びついた	犬が逃げた			嫌いな犬を見ると飛びつく
テーブルに登った	コラッと言われた	いやなことが起きた…〈正の弱化〉	①の行動が減る	テーブルに登らなくなる
呼ばれたので行った	爪切りされた			呼ばれても来ない
飼い主さんの手を噛んだ	遊びが終わった	いいことがなくなった…〈負の弱化〉		噛むのをやめる
ごはんがほしくて吠えた	目をそらされた			催促をやめる

行動心理学の理論である「オペラント条件づけ」は、報酬や罰に応じて自発的に行動するというもの。犬のしつけで考えてみると、表のような流れになります。いいこと（正）が起きるか、いやなこと（負）が減れば、その行動は強化（増える）され、いやなことが起きるか、いいことがなくなると、その行動は弱化（減る）します。これを上手に組み合わせることで、犬にしてほしいこと、してほしくないことを覚えてもらいます。

目を合わせてほめることも、犬には大きなごほうびです。

できることが増えたら楽しいね

しつけとトレーニングの違い

しつけとは、指示がなくても犬みずから従属的な行動をとれるように教えること。これに対して訓練（トレーニング）とは、指示通りに行動するように教えることです。しつけができてこそ、トレーニングが可能になるといわれています。

人に迷惑をかけずに暮らすためのルールを身につける「しつけ」は必ずすべきこと。たとえば、人を噛まない、むやみに吠えない、飛びつかない、からだを触っても怒らない、排泄はトイレで、などは健やかにともに暮らすために犬に必ず覚えてほしいルールです。

「トレーニング」では、声かけでハウスに入る、「マテ」や「オイデ」の号令を聞く、など、指示に応えて行動できるようになるのが目標です。最低限のことはすべきですが、長すぎる意味のないマテやボールを取ってくるなど、安全な生活に不可欠ではないトレーニングは、趣味でするくらいのユルさで取り組むきもちが大切です。

また、互いの目を合わせるアイコンタクトは、きもちを伝え合うためにも、できるようになっておきたい行動です。

すぐに覚えられること、根気よく教えないとできないこと、壁にぶつかることもありますが、焦らず一歩一歩、進歩していければ十分です。

きもちを伝えあう「アイコンタクト」

犬を飼い主に注目させるためのもので、しつけの基本となる行動です。名前を呼んで振り向いたらごほうび、目が合ったらごほうび。アイコンタクトが取れるようになると、何かをストップさせる、落ち着かせるときに役立ちます。また、犬は人間の笑顔を認識できるので、笑顔で目を合わせれば喜びます。

犬に覚えてほしいこと

排泄はトイレでする

はじめのうちはトイレをサークルで囲んで、タイミングをみて入れて排泄を待ち、できたらほめておやつ。これを繰り返すことで覚えてくれます。食後や遊びのあとに排泄することが多いので、タイミングを見逃さないこと。うまくできるようになったら、サークルを外します。

ハウスに入る

ハウスが、安心できる居心地のよい"自分の居場所"と認識してもらいます。「ハウス」など声をかけならがら誘導します。はじめのうちはおやつを使っても。無理やり押し込んだり、おしおきで閉じ込めるのはよくありません。この場所はいい場所だ、と感じてくれたら、声をかけなくても眠たいときや落ち着きたくなったら、自分で入れるようになります。

マテ

興奮をおさえるときや危険回避のために必ずマスターしたい「マテ」。オスワリの状態で「マテ」と声をかけ、はじめは1 ～ 2秒でも待てたら「ヨシ」と解除の声をかけて、ほめてごほうびを。10秒くらいのマテができるように、少しずつ時間を延ばします。

オイデ

こちらも危険回避には欠かせない号令です。強く興味をひかれたものがあったときにも、声をかければ戻ってくるくらいになれるのが理想です。マテの状態で短い距離を離れ、「オイデ」の声をかけます。来られたらおやつ、を繰り返して、徐々に距離を伸ばして覚えてもらいます。

苦手は
克服しなくてもいい？

苦手なものは苦手なのだ

人がそうであるように、犬にも個性があります。だれも同じ性格ではないし、同じ能力でもありません。得手・不得手を見い出し、特徴を活かしてあげられたら、犬ものびのび暮らせます。警察犬、盲導犬が育成期に選別されるのは、犬の個性を見極めるためでもあります。

性格や個性にもよりますが、犬にも苦手なことがあります。サークルに閉じ込められること、なでられること、服を着ること、歯磨き、ブラッシング、お風呂……。無理に慣らそうとするのは逆効果。強制するとますますきらいになってしまい、ひどいときには信頼関係が壊れることも。苦手なことを認めつつ、できることを伸ばしてあげましょう。どうしてもブラッシングやお風呂がいやならプロに任せる、服は着せない、そんな割り切りも必要です。

ブラッシングはきらいだけどなでられるのは大好きな犬なら、なでられるような感触のブラシに変えてみるなど、苦手と得意を組み合わせるのも有効です。そんな、ちょっとした工夫から、犬も飼い主も快適に暮らせる方法が生まれるかもしれません。

少しずつ慣れようね

大きな音がする動きまわる物体、掃除機が苦手な犬は少なくありません。
近くにあっても怖いものではないことを、トリーツを使いながら覚えてもらいましょう。

なかには散歩がきらいな子や、ほかの犬が苦手な子もいます。
健康のためにも、散歩が好きになってもらえるといいですね。

苦手なままで安全ですか？

とはいえ、苦手なままでは不幸な事柄もあります。掃除機が苦手で掃除のたびに吠えたり怯えたり……私たちはかまわないとしても、掃除のたびにストレスを感じてしまうのだとしたら犬が気の毒です。また、知らない人を見るたびに吠えてしまうのも、人にとってうるさいのはともかく、犬がストレスを感じてしまいます。こうした苦手は犬のストレスを軽くするためにも克服したいもの。掃除や来客など、なくすことのできないものに対しては、耐性をつけてもらうことも必要です。

苦手は克服できる

こうした苦手も、ごほうびを使いながら慣れさせていくことで、大半は克服できるはず。どこまでしつけるかは各家庭でルールを決めてください。犬が不幸になること、他人に迷惑がかかることは克服してもらいましょう。

なぜその行動をするのか？　犬の立場になって考えると糸口が見えてきます。掃除機に吠える→怖いから→怖くないものだと知ってもらう→そのために掃除機が出てくるといいことが起こる（トリーツなど）ことを体験させる、というのが苦手克服の流れです。

お友達できたらうれしいな

犬は友好的な生きもの

犬は1万年も前から人と生活をともにしてきた生きもので、人と暮らすことが得意です。祖先であるオオカミの習性から、犬は群れで暮らすものと思われがちですが、現代の犬の多くは飼い主と1対1の交流を図っていて、それは幼児と母との母子関係に類似しています。

なかには人ぎらいにみえる犬もいますが、それには犬なりの理由があり、怖い思いをしたことがある、捨てられた、虐待されたなどの経験から、人に恐怖を感じたり、信頼感を失ったりしているわけです。そんな犬でも、また愛情を受けることで人と寄り添うことができるようになります。犬と人とは信頼関係を築くことができるのです。

また犬は、犬同士やほかの動物とも仲良くなれます。住環境や経済力など事情が許せば多頭飼いも楽しいものです。犬たちが遊ぶ様子を見ることは、飼い主にとって癒しとなりますし、犬は仲間同士で遊ぶことでストレスから解放されます。ただし、飼い主を取り合ったり、縄張りを争ったり、やきもちやケンカが発生するといったデメリットもあります。

めざせドッグランデビュー

ドッグランとは、飼い主の管理下で、ノーリードで遊ばせられる犬専用スペースのこと。公園の一角やドッグカフェに併設された室内ドッグランもあります。散歩とは違った開放感があり犬にとって刺激的な場所で、犬がのびのびと走る姿を見られるのは飼い主にも喜びです。犬同士の友達、飼い主同士の犬友ができるのも楽しいものです。人（犬）見知りな犬なら、無理をしてまで友達を作る必要はありません。走り回るだけで、十分楽しいのです。

犬たちの社交場でもあるドッグランを楽しめるよう、まずその施設のルー

虐待は犬の敵

動物虐待に対して傍観者でいてはいけません。むしろ監視の目を増やすべきです。動物に関する問題は闇の部分に焦点を当てなければならないのに、話し合いの場には関係者と有識者ばかりが集まるという現状です。動物虐待は行為障害のひとつで、意図的な虐待だけでなく、多頭飼育崩壊など適正な飼育ができていないケースも含まれます。虐待があれば関係機関に通報しなければなりませんが、だれがそれを判断し通報するのか。動物愛護管理法の執行機関としてのアニマルポリスの存在が必要となってきていると思います。人任せばかりでもいけません。

ルを守りましょう。一般的には下記の点に注意してください。
①愛犬から目を離さない。脱走や人や犬への攻撃などは絶対避けたいこと。ケガをさせても、されても困ります。
②社会化が済んでいること。犬との接し方を知らないと危険です。
③寄生虫や感染症を持ち込まない。ワクチン接種やノミ・ダニの駆除は済ませておきましょう。
④「マテ」や呼び戻し、興奮を鎮める「オスワリ」「フセ」をマスターしておく。
⑤排泄を済ませてから入場する。
⑥排泄物を処理する水や持ち帰り袋、リードと首輪、またはハーネス、予防接種証明書を所持しておく。
⑦ヒート中のメスは遠慮する。ほかのオスが興奮してしまいます。
⑧食べものはできるだけ持ち込まない。よその犬に勝手におやつを与えないことはもちろん、飼い犬に与える際も周囲とトラブルになりやすいので注意します。
⑨出入りの際は挨拶を。扉の開閉は中の犬の動きに、十分注意して行う。
⑩相性の悪そうな犬がいないかを確認してからリードを放す。
⑪無理をさせない。ほかの犬や広い場所に苦手意識があれば無理のない範囲で遊ばせます。

犬同士の遊びは、楽しく刺激的。見ているほうも楽しくなってしまいます。犬はフレンドリーなので、猫や小鳥と仲良く暮らしている犬もいます。

いつでも一緒

高いところも得意だよ！

漂う感じが最高の気分。

ここが一番好きな場所なんだ。

I want to be with you.

どこに連れていってくれるのかな？

ついに、ここまでやってきました！

真っ白で冷たくて楽しいね。

絶対、一緒に行くんだからね。

こんなの、簡単簡単！

お気に入りのカフェにも一緒に行くよ。

犬さんのリアルな悩みに答えます

いぬ先生のお悩み相談室 3

お悩み大喜利

お悩み相談　その1

「どうしても食べるときに散らかしてしまいます。飼い主は問題行動だと言い、このままではどうしていいのかわかりません」

食事中に噛みつけば
食物関連性攻撃行動。
食べ散らかすのは
問題でありません。
食いつきがいいのは
腸内細菌のバランスが良い証拠。

散らかすごはんと掛けまして、
町内会のお祭りと解きます。
そのこころは、
どちらもちょうない(町内・腸内)が元気。

お悩み相談　その2

「ごちそうをもらうと、穴を掘って埋めています。最近、埋めた場所をいつも忘れてしまいます。どうしたら覚えていられますか?」

穴掘り行動は大切な習性です。
だから、土の中に隠したり、
たまにはベッドの下に隠すこともする。
保管目的のようですが
暇つぶしでもあります。
しばらくすると
また食事が出てくるから
必死に探す必要もない。
そりゃあ、時間が経てば
だれだって忘れるわけです。

それをモズ型犬
といいます。

お悩み相談　その3

「私の家には3匹の犬が暮らしています。私以外はオスです。オスは、いつもいばっていて、ごはんも飼い主さんへの挨拶も全部私が最後。どうしたら一番をとれますか？」

けっして一番がいいとは限りません。
いつまでも一番でいられるはずもありません。
大切なのは無理せず楽しく暮らすことです。
いずれ番は回ってきます。

いつまでもあると思うな飯と格付けですよ。

お悩み相談　その4

「飼い主さんと目が合うと、「きもちが目に表れている」「お見通しだよ」と言われます。本当にわかってくれているのでしょうか？　人の思い違いのような気がします」

そう簡単に相手のきもちがわかるはずがありません。
非言語の感情なら犬のほうが得意です。

人が「お見通し」という以前に、とっくにこちらが「お見通し」。

生活編

PART 6

美しさを保つ

からだの不調は、
被毛や皮膚、目の輝きにも現れます。
見た目の美しさは
健康のしるしでもあります。

健康な犬は美しい

室内で暮らす犬が増えたこともあり、きれいな犬が増えています。外見に気を配るのには、愛犬を、もっとかわいく！という人間側の都合も大いにありますが、健康を確認するにも維持するためにも〝美しさ〟は大事です。毛がパサついたり、ベタベタするのは、栄養バランスや皮膚に問題があるのかも。爪の伸びすぎや歯磨き不足もケガや病気につながります。愛犬のビューティーケアで毎日からだに触れれば、不調を見つけられ、さらに幸せホルモンの分泌が、犬と人を健康に導きます。

つやつやな被毛は健康の証

美毛のケアいろいろ

美毛は愛犬の嗜みです。健康であればこそ美毛が保てます。ポイントは食事と毛並みのお手入れ。フードは高品質な動物性タンパク質と良質な脂質（必須脂肪酸）が含まれていること。とくに必須脂肪酸のオメガ3とオメガ6が含まれているものがおすすめです。腸内環境を整える乳酸菌を摂取するのも効果的です。

ブラッシングのメリット

ブラッシングは、血行をよくし、被毛をきれいに整えるだけでなくきもちもリラックスさせてくれます。愛犬とのコミュニケーションでもあり、皮膚や被毛のお手入れをすることで、全身の健康状態もわかります。

ロングヘアの犬種の場合、毛玉を形成しやすいので、日常的にブラッシングをして対策しましょう。

- **スリッカーブラシ**：ゴムの土台にくの字型のピンが植えられたブラシ。からまりや毛玉をほぐすのに優れ、ダブルコートの犬に向いています。
- **ピンブラシ**：ピンの先端が丸い、人用に似たブラシ。皮膚に優しく、毛の流れを整えるのに優れます。
- **獣毛ブラシ**：豚や猪の毛が植えられたブラシ。被毛表面を整え、艶を出します。短毛種に向いています。
- **ラバーブラシ**：ゴム製のブラシ。皮膚を傷つけずに安心して使えます。抜け毛を取り除くのに優れます。
- **櫛、コーム**：金属製の櫛。もつれや毛玉のチェックや細かい部分を整えるのに使います。

立たせた状態なら10分、横になった状態なら20分までを目安にします。

美毛ケアのためにしたいこと

食事	フード	• 食材は高品質な動物性タンパク質 • 良質な脂質（必須脂肪酸）を与える
	サプリメント	• オメガ3やオメガ6などの必須脂肪酸 • 乳酸菌などで腸内環境の改善
お手入れ	シャンプー	• 定期的に月1 ～ 2回が理想 • すすぎ残しをなくし、低温で乾燥
	ブラッシング	• 愛犬の体毛にあったブラシを使用 • マッサージするようなていねいさ

美毛を作るシャンプーテク

外の汚れがついたままでは不衛生だし、余分な皮脂や古い角質はかゆみや皮膚炎の原因になることもあります。犬にもシャンプーは必要ですが、やりすぎは皮膚や被毛の皮脂を失うので好ましくありません。環境にもよりますが、犬の体毛は36日目の臭気が最も強くなるという報告があり、皮膚の治療をしている場合を除き、月1回の頻度でシャンプーするのがちょうどよいでしょう。

犬用シャンプーには長毛用、ノミやダニを退治するタイプ、薬用、オーガニックなどの種類があるので、目的に合ったものを選びます。人用のシャンプーは使用禁止です。

①シャンプー前にブラッシングをしてほこりや土など被毛表面の汚れを落とし、もつれをなくします。

②シャワーをぬるめのお湯にして、腰→尻→背中→胸→首元→頭→顔へと濡らし、汚れを浮かせます。怖がるようなら水音を消す工夫をします。

③シャンプーの表示に従い必要なら1回分を希釈し泡だて、②と同じ順にからだにつけて、やさしく洗います。指の間も忘れずに。頭と顔は、手のひらでシャンプーを泡だてて、なでるように洗います。

④全身を洗えたら、顔→頭→首元→背中→胸→前足→腹→尻→後ろ足の順に、からだの高い位置からシャンプーを洗い流します。頭と顔は、お湯を含ませたスポンジを使っても。すすぎ残しのないよう念入りに。

⑤タオルでからだを包み込んで、水気をしっかり拭き取ります。浴室内で「ブルブル」してもらうといいでしょう。

⑥ドライヤーで乾かします。熱くないよう、からだからできるだけ離すか、冷風を使います。

シャンプーは苦手な犬が多いので子犬のころから慣らしておくことが大切です。それでも、浴室にも入りたくないお風呂ぎらいの子もいます。どうしても難しいなら、ふだんはぬるめの蒸しタオルで拭き、本格的シャンプーはプロに任せることも考えましょう。また体調を崩しているときのシャンプーも避けましょう。

意外とみなさん、お風呂好き？きれいになるためならガマン？入りすぎは乾燥肌の原因になるので、お風呂は月1回程度がベターです。

いつも
きれいでいたいから

ケアに慣れてもらうには

定期的に行うケアには、ブラッシング、歯磨き（137ページ）、爪切り、耳そうじなどがあります。長毛種や毛が伸びつづけるシングルコートの犬などはトリミングも必要です。また散歩のあとに足を洗う、食後に口のまわりをきれいにするなどの日常的な手入れもあります。こうしたケアに慣れてもらうためには、幼いころからはじめるのが理想です。またこの時期から、からだのどこに触れても大丈夫になれるよう、積極的にスキンシップします。

ケアが上手にできるようになるには「これをしたら、いいことが起こる」、「イヤなことではない」と認識してもらうことが大切。けっして焦らないこと。幼犬期は、いろいろなことを覚えて吸収する時期なので、初めての体験でいいこと（ごほうびやほめことば）が起これば、意外に受け入れてもらえたりします。

ブラッシングなら、まずブラシに慣らす。知らない道具に警戒される前に、からだにブラシを近づけたらごほうび。警戒がとけたら、からだにブラシを当ててごぼうび、次は毛を少しとかしてみてごほうび、と時間をかけてステップアップします。このとき「きれいだよ〜」、「かわいくなった〜」などポジティブなことばをかけると「ブラッシング＝うれしいこと」と感じることにつながるので、声かけも大事です。

最初からすんなり受け入れてくれる子もいますが、1日2日で慣れるものではないと考え、気長にのんびりかまえましょう。そのほかのケアも同じ方法で、少しずつ覚えてもらいます。

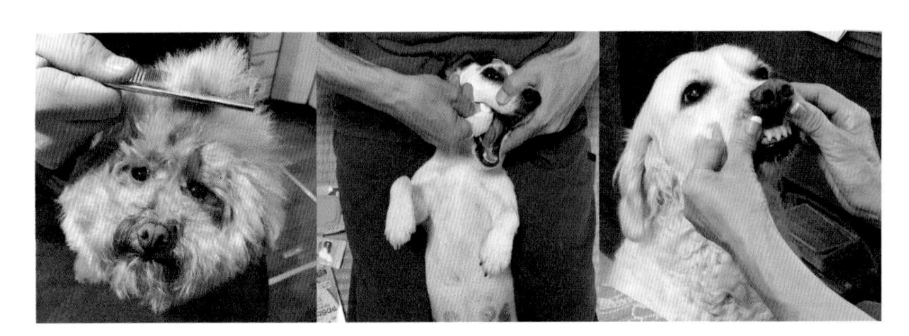

痛い思いをすると、きらいになってしまうことがあります。

おうちでできるビューティーケア

プロにお願いしてもよいのですが、コツを覚えれば家ですることもできます。
ただし、けっして無理はしないこと。いずれも、犬が暴れてしまうとケガをしてしまいます。
コミュニケーションを取りながら、やさしく、さりげなく行いましょう。

爪切り

爪の中に血管があるので、その手前までをカットします。黒い爪だと血管が透けず出血しやすいので少しずつ。指をしっかり固定して、図のように3回に分けてカットします。爪が長く伸びすぎると、血管も伸びてきて切りにくくなってしまいます。

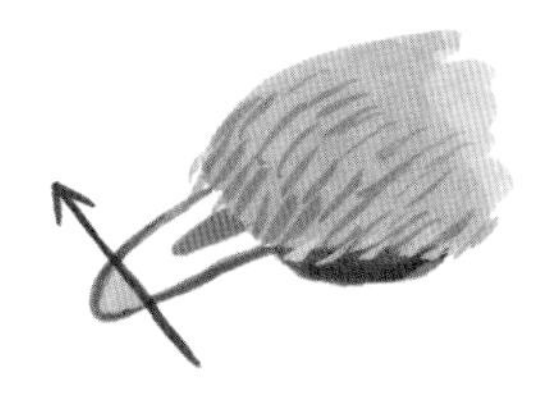

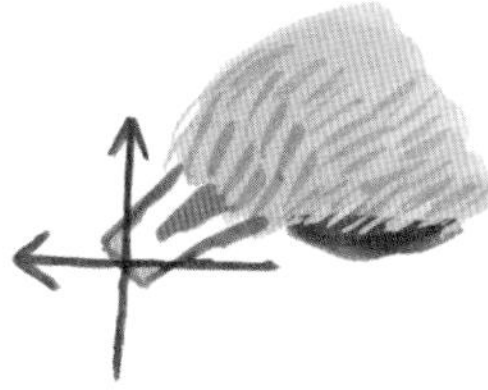

目やに取り

目やにがひどいときは、濡らしたコットンなどで目頭から目尻方向に、毛の流れに沿って優しく拭き取ります。乾いてかたくなっていたら、しばらく当ててふやかせば取りやすくなります。

足裏の毛の処理

足裏の毛が伸び過ぎると、フローリングなどで滑りやすく危険です。足をしっかり固定して、マーク部分からはみ出した毛を肉球が見える程度にカットします。

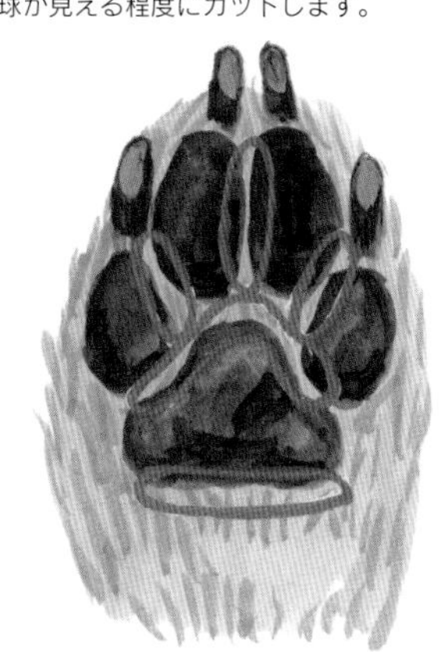

耳掃除

ときどきチェックしてトラブルがなければ、ほとんど必要ありません。表面の汚れは、コットンでやさしく拭います。綿棒を使うと耳道を傷つけやすいので、扱いに慣れている場合を除いて避けたほうが無難です。

お風呂は好き？ きらい？

こう見えて、お風呂好きなんだ。

お腹のブラッシングもお願い。

そこそこ、背中がきもちいいです。

Do you like bathing?

うーん、早く終わってくださいね。

えっ？　これわたしのですか？

あったかいね〜。一緒に入る？

肩までつかって、1、2、3……。

は〜っ、極楽極楽。

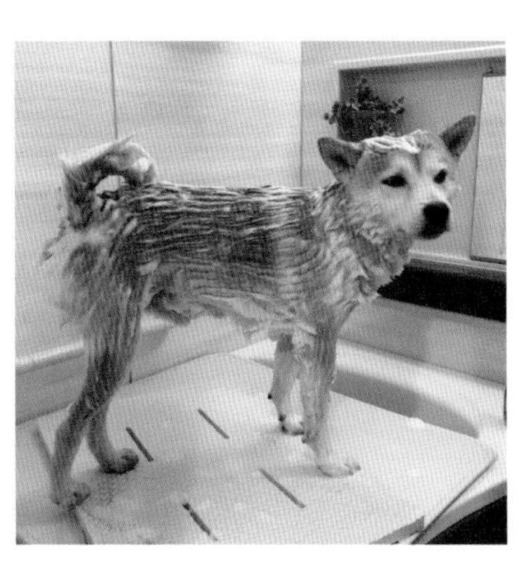

なんで笑われているのだろう？

マッサージは至福の時間

なでるだけ全身マッサージ

犬は甘えながらなでられるのが大好きです。飼い主だってそれは同じ。愛犬に甘えてもらいたいし喜ばれたいものです。犬がなでられてきもちいい部位は、自身で届かないあごの下、耳の後ろや眉間、それから尾の付け根から腰、お腹。そこをなでると緊張が和らぎます。仰向けになってお腹を見せたら、積極的に甘えている合図です。優しくなでてあげましょう。

なで方のコツは、犬が安心するように手のひらで肩や背中から触れること。尻尾の先端はいやがるので止めましょう。そして飼い主は、きもちにゆとりをもって接するべきで、イライラしていれば犬はそれを察していやがります。

リンパの流れやツボがわかれば、
マッサージ効果がアップします。

マッサージには自然治癒力を高める効果もあるので、愛犬と触れ合うことは健康増進にもつながるのです。

肉球マッサージ

犬の足裏は日々酷使されています。やわらかい肉球は刺激を受けやすく、しかも汗をかくため、汚れやすく蒸れやすいのです。マッサージでケアしてあげましょう。

前足の肉球には心臓、大腸、小腸などの内臓に効くツボがあり、後ろ足の肉球には胃、肝臓、胆のう、生殖器、膀胱に効くツボがあります。また手足首付近にも多くのツボがあるので、その周辺全体をマッサージしてあげると効果的です。

肉球マッサージは、犬がリラックスしているときに行います。両手で足を包むように持ち、両手の親指で肉球を優しく押します。肉球や指を広げるイメージでもむように押します。最後に専用の保護クリームを塗ると肉球のやわらかさがキープできます。

足1本につき3分程度で終えるようにし、いやがる場合は無理にしないこと。最初は軽く触れることからはじめ、少しずつ慣れてもらいましょう。きもちよさがわかれば、虜になるはずです。

犬のための肩こりマッサージ

犬はからだの重心の6割が前にあり、人の顔を見上げていることも多いため
前足の付け根や胸、首のまわりは意外とこっています。
スキンシップのときに、こりをほぐしてあげましょう。

①肩甲骨をなでる

前足の付け根の背中側、肩の部分が肩甲骨。ここを手のひらで包み、前から後ろに円を描くようにして皮膚を動かします。

②首筋をさする

親指以外の4本の指をそろえて、首筋をマッサージ。力は入れずに肩甲骨から耳の後ろまでの首筋を、皮膚を動かすように、10 ～ 20往復さすります。

③胸をさする

今度は前足の付け根の前側、胸から肩甲骨に向かって、4本の指で円を描くようにさすります。やはり力は入れずに、皮膚を動かすようにして10 ～ 20往復、行います。

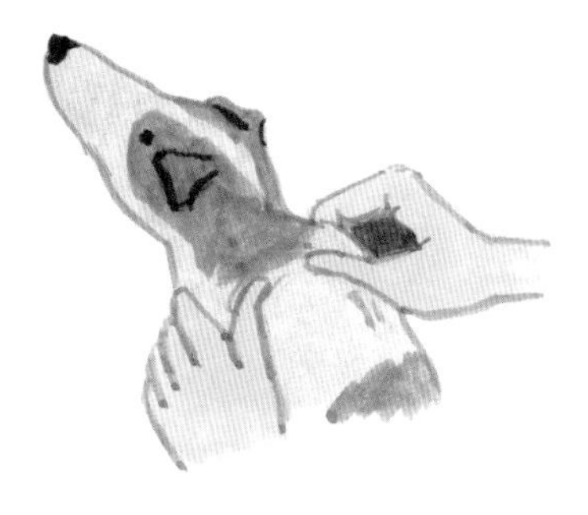

④肩関節まわりをほぐす

肩関節まわりの皮膚をつまみ、もみほぐします。軽くつまんで、引っ張って離す、を首～肩まわりの何か所かに分けて行います。全部で10回程度。

症状別・本格ツボ押し

人間同様、犬にも経絡とツボがあり、ツボの場所やツボ押しの効果も
人間とよく似ています。愛犬の健康をサポートするため、
リラックスタイムにツボ押しを行ってみましょう。

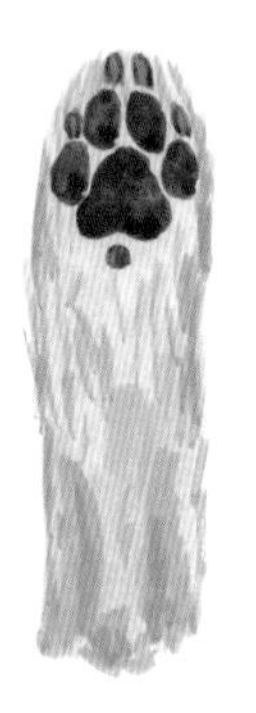

疲労回復のツボ①

〈 労宮 ろうきゅう 〉

前足の一番大きな肉球の上側（手首側）にあるツボ。左右にあります。こころとからだをリラックスさせ、緊張やストレスを緩和。循環器に作用して血行を改善し、全身を巡る酸素量の増加も期待できます。

疲労回復のツボ②

〈 湧泉 ゆうせん 〉

後ろ足の一番大きな肉球の上側（かかと側）にあるツボ。左右にあります。元気が出るツボ。労宮と湧泉を押すときは、親指をツボに当てて足先に向かって、1、2、3と加圧し、3秒キープ。1、2、3と力を抜きます。前後左右、20 ～ 30回。

抵抗力を高めるツボ

〈 命門 めいもん 〉

一番お尻側の肋骨の背骨から、尾に向かって３個目の背骨の突起にあるツボ。全身のバランスを整え、抵抗力アップを期待。腰痛にもいい。親指か人差し指で1回5 ～ 10秒、10 ～ 20回押す。命門の左右にある腎兪（じんゆ）とあわせて、温タオルなどで温めるのもおすすめです。

ツボ押しの基本

- 1、2、3とゆっくり力を入れていき、3 ～ 5秒キープ、1、2、3とゆっくり力を抜きます。
- 施術者の手が冷えている場合は、温めてから行います。
- 大型犬や筋肉が多い場所のツボは親指で、小～中型犬には人差し指を使います。
- 痛がっていないか表情を見ながら、力を入れすぎないように注意します。とくに小型犬は軽く押すだけで十分です。
- 犬はもちろんのこと、施術者がリラックスしていることも大切です。
- 犬の体調が悪いとき、ケガをしてるときや妊娠中、空腹時や食後を避けて行います。

P.107－108参考：『ワンちゃんの病気予防と健康管理に 犬のツボ押しBOOK』（石野孝・相澤まな／医道の日本社）

Inu Medical

健康編

健康編

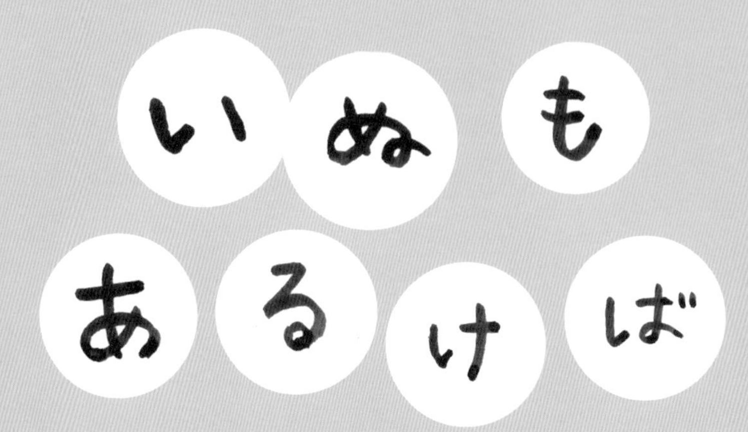

病気の早期発見につながる 7つの約束

毎日見ているはずなのに、コミュニケーションをおろそかにしていると、
愛犬の変化に気づけないことも。小さな変化に気付くことで、
愛犬の健康を守ることができます。7つの約束で末長く健康に！

愛犬の異変に気付いてあげられるのは、家族であるあなただけ。長く健康でいるために、病気の早期発見は重要です。

→P.138

1日のうちでも変わる鼻の濡れ方・乾き方、目やにや口臭など、鼻や目、口などのパーツからも愛犬の体調がわかります。

→P.118

も もっと食べたいがふつう

食欲があるのは健康のしるし。食べているのに痩せたり、食べすぎて太ってきたり、変化を知るために、日々の体重測定を。

→ P.126

あ アイコンタクトでこころとからだの異変を知る

犬はアイコンタクトができる、動物でも数少ない存在。毎日何度も目を合わせることで、愛犬のきもちや体調の変化に気付けます。

→ P.154

る ルーツを知って予防医学

犬種によってかかりやすい病気があります。あらかじめわかっていれば、暮らしのなかで、気をつけることができます。

→ P.121

け 検便・検尿は日々の飼い主の仕事

排泄物には健康状態が現われます。回数が多すぎたり、色や形がおかしかったら、病気の合図かもしれません。

→ P.144

ば バランスを触って確認

犬も人も楽しいスキンシップは、健康チェックにも役立ちます。体型の変化や体温の確認、からだにできものがないかなどを確認します。

→ P.124

健康編

PART 1

健康管理と病気の予防

愛する家族の一員である犬に
ずっと健康でいてもらうために、
予防医学を習慣づけましょう。

年1回の健康診断を忘れずに

若いうちはあまり病気もしないので、健康診断って必要なのかな？と思ってしまうかもしれません。でも、年1回の健康診断を1度さぼったら、犬はその間に人間でいう5歳前後も歳をとります。そう考えると、改めて年1回の健康診断がいかに大事かわかります。もしも病気にかかっても早期発見・早期治療ができれば、元気な暮らしに戻れる可能性が増えるでしょう。愛犬のすべてを理解してくれる、子犬のころからのかかりつけの病院があれば、何かと安心です。

動物病院っていい所なの？

病院ぎらいの犬も多いけれど、定期検診には必ず行こう！

定期検診で予防医学

予防医学とは、病気にかかってから治すのではなく、病気にさせない、病気になりにくいからだを作り、推進して健康を維持すること。人の医学でも注目されています。予防医学には、いくつかの段階があります。

一次予防は、健康なときでも生活のなかで病気を予防し、未病を無病に近づけるというもの。だれもが願う理想的な予防法です。そのためにはストレスを減らし、自然体で暮らすことが大切です。それによって健康が増進され、免疫力や代謝が活発となり、バランスのとれたからだが作られていきます。

犬種の特徴と弱点を知っておくことも大切です。たとえばトイプードルやマルチーズなどでは膝蓋骨脱臼（121ページ）、パグなどの短頭種では呼吸器疾患（143ページ）、チワワなら心臓疾患（150ページ）になりやすい、などの遺伝的傾向（121ページ）を知って対策を考えておくことが予防につながります。

二次予防とは、健診によって病気を早期発見し、早期治療をすることで重症化を防ぐというもので、これ以上の重症化を防ぐという意味ではとても重要になってきます。疾患の原因が特定できれば、症状を取り除いてあげることができます。また、血液検査などから、何らかの疾患が見つかったとしても、早期に発見できれば原因を把握して排除していくことが可能です。

健康診断の主な項目

	若齢期 3歳未満	成犬期 3～6歳	中年期 7～10歳	高齢期 11歳以上	超老齢期
身体検査	○	○	○	○	○
血液全血球検査	○	○	○	○	○
血液生化学検査	○	○	○	○	○
尿検査	○	○	○	○	○
便検査	○	○			
ウイルス抗体・アレルギー検査	○				
レントゲン検査（腹部・胸部）	○	○	○	○	
レントゲン検査（肘・膝）				○	
超音波検査（心臓・腹部）			○	○	
SDMA（腎機能マーカー）			○	○	
フルクトサミン			○	○	
T4（甲状腺ホルモン）				○	

三次予防とは、重症から完治して元の生活に戻れる状態にすること。入院していたならば、退院できるようになることです。早期発見によって適切な治療ができ、元の生活に戻れるならばありがたいことで、その後も続けて定期健診を行うことによって再発を予防することが可能となります。

定期検診の内容

年1回の健康診断は、愛犬の健康状態と、これからの生活で気をつけるべきことがわかる絶好の機会です。検診では体重、体温、心拍数、呼吸数をチェック。さらに被毛、眼球、耳道、口腔と歯、歯肉を診て、心雑音、腹部触診、腫瘍の有無などを確認します。あわせて血液検査や尿検査、必要に応じてレントゲンや超音波（エコー）検査を行うことで、健康状態がわかります。

犬の血液検査

血液検査は、血球検査と生化学検査の2種類に分かれ、前者は赤血球、白血球、血小板、血漿の量を測ります。後者は血液中に含まれるタンパク質や糖質の量を検査し、内臓の消化器機能を調べます。これによって栄養状態や内臓機能の状態がわかります。

血液検査は、大型犬では7歳齢から、中型犬以下は8歳齢になったら毎年1～2回は行うことをおすすめします。10歳を越えたら年2回。病気の早期発見につながります。それでも見逃してしまう疾病も存在します。検査時は、検査結果だけでなく、犬の症状、病態、さらに飼い主の事情なども含めて総体的にホームドクターに伝えましょう。また、写真や動画があれば、より正確に伝えることができます。

血液検査の内容と項目の意味

犬の血液検査には大きく分けて5つあります。

❶血球検査＝貧血や脱水を調べる。
WBC（白血球）：高いと炎症、低いと免疫力低下。RBC（赤血球）：高いと脱水、低いと貧血。PLT（血小板）：低いと血液が固まりにくい。

❷生化学検査＝内臓機能を調べる。
ALP、AST、ALT、γ-GTP：すべてが高いと肝臓機能に問題あり。BUN、CREA：高いと腎機能の低下。高齢犬は注意。GLU（血糖値）：高いと糖尿病の可能性。低いと低血糖で子犬は注意。AMY、LIP：高いと膵炎の可能性。TG、CHOL：高いと高脂血症。ダイエットの必要性。Ca、P：代謝に関する項目。

❸CRP（炎症マーカー）＝腫瘍、感染性、免疫介在性などの炎症で上昇。

❹抗体検査＝犬用ワクチンチェックで抗体価を測定。犬糸状虫症診断用キットで抗原を検出。

❺塗沫検査＝結球を顕微鏡で確認。

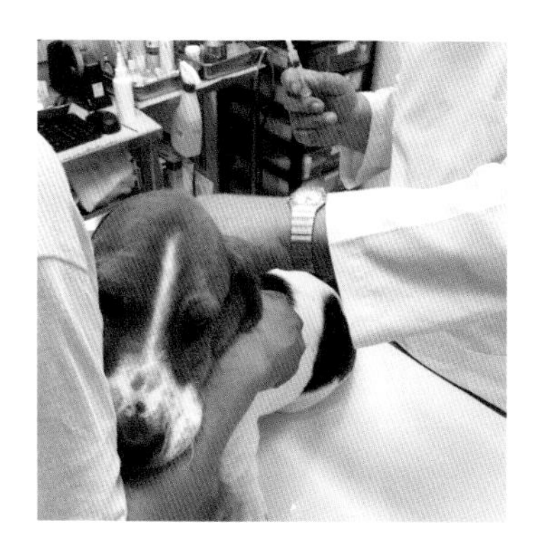

いいお医者さんだといいな

信頼できるお医者さん、
近所で見つけられるといいね

いい獣医師さんはどう探す？

一般的にいわれるホームドクター選びの基準は、通いやすい距離、豊富な設備と技術と知識、ドクターやスタッフとの相性、飼い主の立場で考えてくれる獣医師、治療法が選べるインフォームド・チョイス（十分な情報を伝えられたうえでの選択）、こころのこもった説明のインフォームド・コンセント（十分な情報を伝えられたうえでの合意）がある、動物を読み取るのが上手、院内の清潔感、二次診療を紹介してくれる（またホームドクターに戻れる）、などというものです。

近年は、災害時など一時的に起こるトリアージ（治療の優先度）の判断ができることにも注目が集まっています。

問診に備えておく

かかりつけの獣医師には、愛犬の品種や年齢はもちろん、体質や体調、病歴、性格やクセなどを知ってもらうことが大切ですが、それを伝えるのは犬ではなく飼い主であるあなたです。具合が悪いのなら、どんな様子なのか？食欲や便の状態を伝えたり、吐瀉物や排泄物なら写真や現物を持参して見てもらうのもいいでしょう。

また動作がおかしい、咳やてんかんの発作など、診察室での再現が難しいものでは、動画を撮っておくのも有効です。

かかりつけの獣医師とは、犬のことをなんでも相談できる関係が築けることが理想です。

求められる「二次診療」

一般的な動物病院は、ほとんどが一次診療（プライマリケア）と呼ばれる地域密着型のホームドクターです。それで十分だった獣医療ですが、時代とともに複雑な医療ニーズが生まれてきました。なかでも、一般の動物病院での一次診療をサポートする専科と二次診療まで含めたネットワークの必要性が高まっています。狭くとも深い医療技術が求められるようになり、獣医療は皮膚科や腫瘍などの専科診療が増えつつあります。

患者（犬）の代わりに、飼い主さんが正しく症状を伝えないとね

ワクチンって必要なの？

感染の危険を防ぐために接種しておきたいよ

ワクチンって何？

母乳で育った子犬は、親からもらった移行抗体という免疫で感染症から守られています。その移行抗体が減少していくころには、子犬自身で抗体が作られるようになるのですが、この間にワクチンを接種して感染症から愛犬を守る必要があるのです。

犬のワクチンは大きく分けると、すべての犬が摂取すべき「コアワクチン」と、感染の可能性、飼育環境などによって選んで組み合わせて摂取する「ノンコアワクチン」の2つがあります。また、狂犬病はコアワクチンで、法律で接種が義務付けられています。

ワクチン接種はいつ行う？

初乳からの免疫が徐々に減ってくる生後8～16週齢の間に接種します。基本的に、生後8週齢以降に4週間隔で2回。最終の接種が生後16週齢目になるように計画します。初乳が飲めずに育った子犬では、生後6週齢以降から4週間隔で接種します。

コアワクチンは、1年後の追加接種を終えたら1～3年に1回の接種が推奨されています。接種当日は安静にして過ごします。0.01～0.03％の確立で、食欲不振、微熱などの症状やアナフィラキシーショックなどの副作用を起こすことがあるからです。

犬のワクチンの種類

		単体	2種	3種	4種	5種	6種	7種	8種
コアワクチン	狂犬病	○							
	犬ジステンパーウイルス感染症		○	○	○	○	○	○	○
	犬伝染性肝炎			○	○	○	○	○	○
	犬アデノウイルス(II型)感染症			○	○	○	○	○	○
	犬パルボウイルス感染症		○			○	○	○	○
ノンコアワクチン	犬パラインフルエンザ				○	○	○	○	○
	犬コロナウイルス感染症						○		○
	犬レプトスピラ症(イクテモハラジー)							○	○
	犬レプトスピラ症(カニコーラ)							○	○

※狂犬病ワクチンは単独で年1回接種。そのほかは上記の組み合わせのなかから感染の可能性や飼育環境などによって何種にするかを選びます。

おうちでも健康診断

愛犬のちょっとした異変に気付けるのは飼い主であるあなたです。
"いぬもあるけば"のチェック法で病気の早期発見につとめましょう。

“いぬもあるけば”のチェック法

㋑ いつもと違うにいち早く気付こう／様子がおかしくないか

元気はあるか、おかしなしぐさ・行動はないか、呼吸が荒くないか、などふだんと違う様子がないかをチェック。からだを丸めたり、足を上げたり引きずったり、何かの拍子にキャンと鳴いたり、触れると攻撃的になったりするのは痛みのサインかもしれません。

㋸ ぬれ鼻は健康の証／パーツをチェック

鼻水がたれている、目やにが大量に出る、耳がにおう、口臭がするなどは、何かの知らせです。犬の鼻は1日のなかでも変化し乾き気味の時間もありますが、極度の乾燥やひび割れは発熱や脱水、皮膚疾患を疑います。また、爪や肉球の様子もチェックしましょう。

㋲ もっと食べたいがふつう／食欲をチェック

食欲は健康のバロメーター。とくに犬は食いだめができることもあり、適正量のフードで「もうお腹いっぱい」とは感じません。いつも食欲があるのがふつうの状態、体調のよい証です。

㋐ アイコンタクトでこころとからだの異変を知る／合図を読み取る

犬は視線できもちを伝えてきます。毎日のアイコンタクトを通じて、犬の様子をみていると、ちょっとした異変にも気付くことができ、体調不良を見つけられます。

ⓡる ルーツを知って予防医学／犬種に多い疾患を知っておく

とくに純血種では、犬種ごとにかかりやすい病気があります。犬種の特徴を知っておけば、そうした病気の予防に役立ちます。またルーツを理解することで、体質や性格などもわかります。

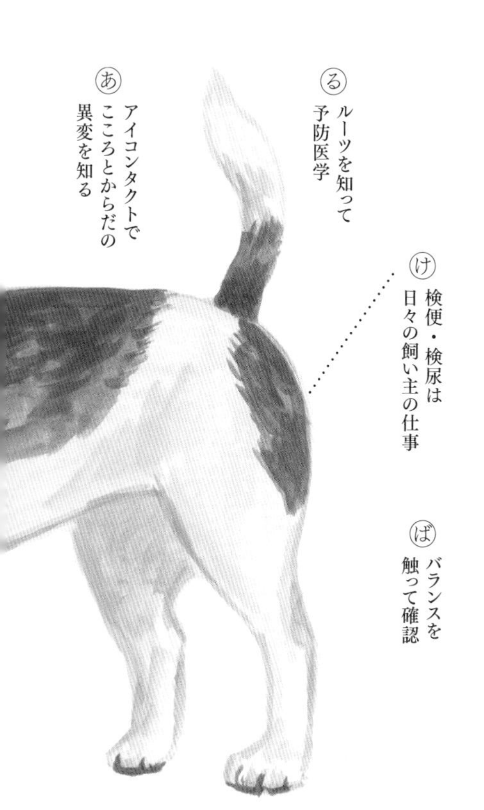

け 検便・検尿は日々の飼い主の仕事／色や回数をチェック

尿は回数や量のほか、色やにおいがふだんと変わりないかもチェック。便も回数と量、状態をチェックします。食べたものによって、量や色、においが変わりますが、下痢や血便は不調の印。便秘にも注意します。

同時に体重もチェック

急な増減はないか、肥満の兆候はないか？ 毎日、体重を計ることで、小さな変化にも気付けます。犬を抱いて体重計に乗り、自分の体重を引き算する方法が簡単です。小型犬では1g単位で計れるとベターです。

ば バランスを触って確認／スキンシップで触診

体型の変化、脱毛や毛玉、皮膚の炎症やイボ、フケはないか、ノミはいないか、しこりや腫れ、痛がる部位はないかをチェック。体温は脇か股間に触れて確認。毎日、触れることで、いつもより体温が高い・低いがわかります。

ときどき行いたい肛門腺しぼり

犬の肛門付近には肛門腺があり、においの強い分泌液を出します。自力で排出できないとたまりすぎて肛門嚢炎をおこしてしまうこともあるので、やり方を覚えて月1回程度、絞ってあげられるとよいです。病院やペットサロンでもしてもらえます。

犬にはどんな病気が多いの？

犬も長寿の時代。
病気の種類も増えているよ

長寿はありがたいけれど

犬の寿命はずいぶん長くなりました。とてもうれしいことですが、高齢になれば発症する病気も増えてきます。加齢とともに発症しやすい病気を挙げておきます。

- **糖尿病**：多飲多尿、急に痩せるなどがみられます（150ページ）。
- **心臓病**：咳や呼吸困難の症状がみられます（150ページ）。
- **腎臓病**：腎不全（165ページ）など。多飲多尿、嘔吐、食欲不振がみられます。
- **腫瘍**：乳腺腫瘍、悪性リンパ腫、脂肪腫などは悪性のガンです（134、150ページ）。
- **膵炎**：強い腹痛によって背を丸める姿勢をとります（153ページ）。
- **目の疾患**：老齢性白内障（165ページ）など。遊ばなくなる、家具にぶつかるなどします。
- **筋骨格の疾患**：痛みから歩きたがらなくなります。
- **歯の疾患**：歯周病（137ページ）などで口臭がきつくなります。
- **皮膚の疾患**：免疫力の低下などにより、感染症（133ページ）を引き起こします。

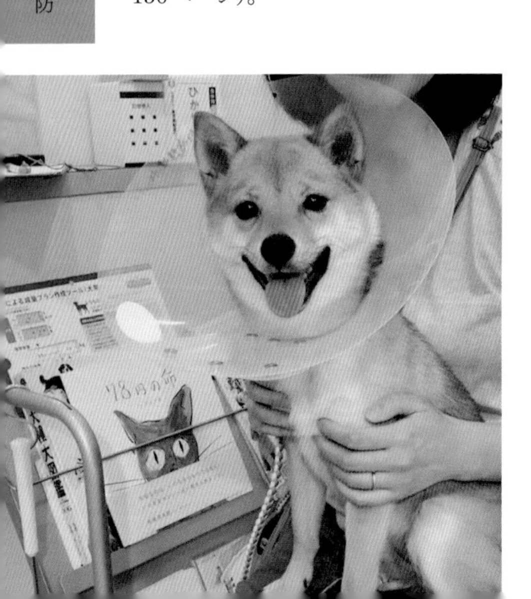

避妊・去勢で病気は予防できる？

オスの去勢のメリットとして、前立腺肥大と肛門周囲腺腫では発生を大幅に減少、精巣を摘出するので精巣腫瘍の防止になります。また睾丸が体内に留まる停留睾丸では、睾丸が腫瘍化する可能性があるので去勢をすすめます。

メスの避妊手術では、初回発情前であれば悪性乳腺腫瘍の発症リスクを高確率で防ぐことができ、初回発情後であっても確率は低くなります。子宮・卵巣・膣は摘出しているので子宮蓄膿症になりません。デメリットとして、オスもメスも、移行上皮ガン、骨肉腫、リンパ腫、肥満細胞腫などに軽度な増加があることが確認されています。

ママの体質に似ちゃうかな？

遺伝的な要因が関係する病気があるんだ

うちの子に遺伝性疾患はないか

遺伝性疾患とは、遺伝子によって生まれてから発症してしまう病気のことです。純血種の犬に多く、犬種によってその発症する疾患も偏っています。犬種ごとのスタンダードな形・特徴を追い求めた結果、近親交配が進むなどしたのが要因です。

ブリーダーは繁殖前に遺伝子異常があるかを検査すべきであり、親犬が遺伝子キャリアであれば繁殖に使わないなど、負の遺伝子を残さないような努力が必要です。しかし、原因の遺伝子が明らかになっていない疾患では検査ができないものもあります。

犬に見られる遺伝性疾患

現在、約500もの遺伝性疾患が明らかになっています。その多くは子犬のころに確認されます。

- **股関節形成不全**：股関節の異常で脱臼が起こりやすくなる状態。70%は遺伝性で、大型犬に多く発生。
- **膝蓋骨脱臼**：膝の皿の外れ、後ろ足の骨と筋肉にゆがみが出る。小型犬に多く、先天的と後天的に発生。
- **水頭症**：1歳齢までに発見され、ほとんど遺伝的で先天性。
- **てんかん**：突発性てんかんが遺伝性てんかんです。

犬種ごとの遺伝的傾向の例

犬種	疾患
• 柴犬	**犬アトピー性皮膚炎**：p.132参照 **GM1-ガングリオシドーシス**：1歳齢で神経症状や運動失調を発症し数か月で死に至ることがある
• ボーダーコリー	**CL病（セロイドリポフスチン症）**：脳細胞中にセロイドリポフスチンがたまって2〜3歳齢で死亡する疾患で、安楽死の選択に迫られることもある
• パグ • ペキニーズ • シーズー　など	**短頭種気道症候群**：短頭種に多く、鼻腔狭窄、軟口蓋過長、気管虚脱などの病気が合併する
• ウェルシュコーギー • ジャーマンシェパード　など	**変形性脊椎症**：脊椎が変形して徐々に歩行困難になる。根本的治療はなく、リハビリなどで進行を遅らせる
• ダックスフント • フレンチブルドック • ウェルシュコーギー • ビーグル　など	**椎間板ヘルニア**：軟骨異栄養性犬種と呼ばれる犬種に起こりやすい
• チワワ • パピヨン • プードル • ヨークシャーテリア • ダックスフント　など	**PRA（進行性網膜萎縮症）**：視力の低下にはじまり、やがて失明する進行性の疾患

伝染する病気があるの？

死に至る感染症もあるから
ワクチンを受けることが大事だよ

感染症が危ない

ウイルスや細菌がからだに入ったことで起こる病気が感染症です。寄生虫によって起こる感染症もあります。高い致死率の感染症があり、ほかの動物や人に感染するものもあります。しかし感染症はワクチン接種で予防でき、もし感染しても軽症で済みます。

まだ小さい子犬は抵抗力が弱く、成犬なら治癒しやすい感染症でも、子犬で発症すると命にかかわるおそれがあります。ワクチン接種が済むまでは散歩に出ない、ほかの犬と接触しないなどの予防も大切です。

犬がかかる感染症には、大きく分けると次の３つタイプがあります。

● **ウイルス感染**：細菌やウイルスがからだに入り増殖し病気を発症します。

• 犬パルボウイルス感染症＝下痢と嘔吐が続き、脱水症状から衰弱が進み、子犬では数時間で死亡することも。伝染力が高い感染症。

• 犬ジステンパーウイルス感染症＝子犬や高齢犬では死亡率が高く、高熱が出る、元気がない、食欲不振、下痢、嘔吐、目やに、鼻水などの症状が現れる。

ほかに、細菌性腸炎、犬コロナウイルス感染症、ケンネルコフなど。

● **外部寄生虫**：体表につく寄生虫による感染症。アレルギー反応や寄生虫が媒介し発症する疾病などがあります。犬につく外部寄生虫には、イヌノミ、マダニ、イヌニキビダニ、イヌツメダニ、イヌセンコウヒゼンダニなどがあり、人が被害を受けるものもあります。

● **内部寄生虫**：からだの内部に寄生する寄生虫による感染症。

• 犬フィラリア症（犬糸状虫症）＝蚊が媒介して感染、心臓の右心室に寄生（153ページ）。

• 回虫＝4 ～ 20㎝ほどで以前は多くの子犬がもっていたが最近は減少。便に混ざって排泄されることも。

• 瓜実条虫＝1㎝ほどの変節が連結して15 ～ 50㎝ほどの長さで寄生。

• コクシジウム＝腸管内に寄生し下痢が続く。サルファ剤の数日投与で駆虫。

• ジアルジア＝腸管内に寄生し下痢が続く。繁殖場での感染が多い、おもに抗体検査で確認。

狂犬病は昔の病気ではない

狂犬病とは、狂犬病ウイルスに感染することで発症する病気です。その致死率は100％とされ、人を含めたすべての哺乳類が感染します。

日本では、1950年に狂犬病予防法

が制定され防疫体制をとったことで、人では1954年、犬では1956年、最後は猫の1957年以降狂犬病の発生はなく、狂犬病清浄国となりました。

ところが2012年、狂犬病清浄国であった台湾において52年ぶりに野生のイタチアナグマで狂犬病が発生し、犬にも感染。2017年までの5年間に607頭の発生が確認されています。

野生動物が町に降りてきたニュースがあとを絶たず、アライグマなどの野生化した動物が増加している日本でも、いつ発生してもおかしくないのが狂犬病です。猫も然りです。

気をつけたいマダニの感染症

マダニは日本中の野外に生息し、通りかかった生物に寄生、吸血します。刺されてすぐにはかゆみも出ませんが、貧血やアレルギーとなることも。さらにおそろしいのは、刺されたことによって起こる感染症。以下はマダニによる感染症の一例です。

- **バベシア症**：バベシアという原虫が犬の赤血球の中で増殖し、赤血球を破壊します。貧血、食欲不振、発熱などの症状があり、重篤化すると死亡するおそれも。
- **ライム病**：ボレリア菌という細菌による感染症。成犬には発症しないケースもありますが、発症すると発熱や食欲不振、全身性けいれん、関節炎などの症状が出ます。

マダニは山間部だけでなく、公園の草むらなどにも生息しています。マダニが活発になる季節に駆除薬を用いて予防します。服用タイプや滴下タイプなど病院で処方してもらえるノミ・ダニ駆除薬を、夏前〜晩秋に使用するのが一般的です。

ダニがいそうな場所を訪れた場合、帰宅後にからだをチェックすることも大切です。もし犬にダニを見つけた場合、引っ張って取ろうとするとダニの口だけがからだに残ってしまうので、自己処置はせず病院へ行きましょう。

知っておきたい共通感染症

共通感染症とは、人にも犬（動物）にも発症する感染症のこと。人の感染症は約1700種ありますが、そのうち約半数が共通感染症で、日本国内では約40種が確認されています。狂犬病は、感染した犬から人へ伝染し、ほかにもパスツレラ病、猫ひっかき病、皮膚糸状菌症、エキノコックス症、ノミアレルギー性皮膚炎、カプノサイトファーガ・カニモルサス感染症などは、犬から人へ伝播する感染症です。なかには犬には無症状なのに、人で発症するものもあります。濃厚な接触は控える、ひっかいたり噛んだりさせないことで予防できます。

健康編

PART 2

見た目の様子をチェック

太った？　痩せた？
毛に艶がない？
犬のからだの内部に
何かが起これば、
それは見た目の変化に
現れます。

小さな変化を見逃さない

体型の変化だけでなく、目やにが多い、抜け毛やフケが出る、耳や口がにおうなど、愛犬の様子がいつもと違ったら、心配になってしまうもの。生理的なものもあり、何の問題もないことも多いのですが、絶対とはいえません。よくあることか、と放っておくのではなく、一度は病院で診察を受けましょう。病気でなければひと安心。犬種や体質によって出やすい症状なのだとわかれば、日常生活のなかで気をつけることができるようになります。

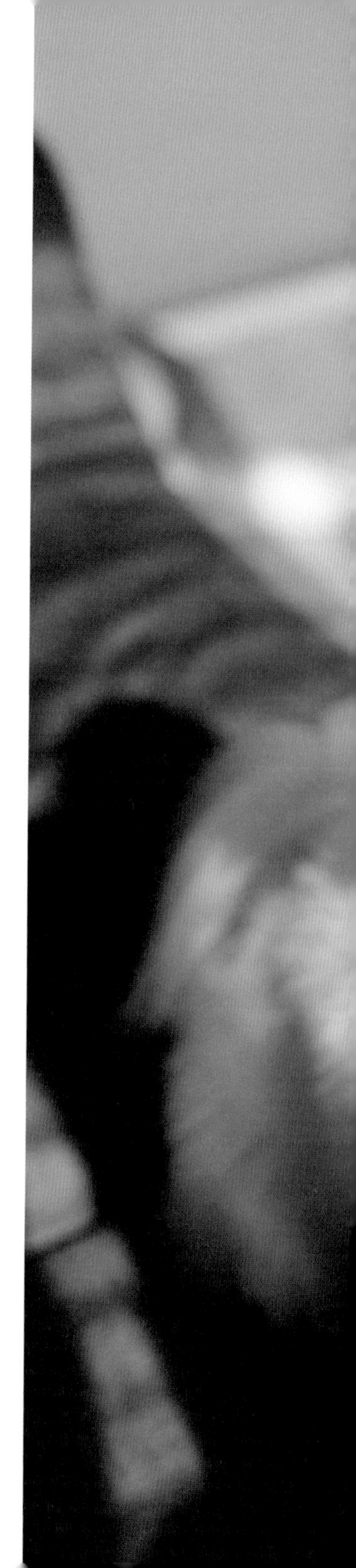

急に痩せてきた・太ってきた

とくに肥満が増えているから気をつけて

太るのも痩せるのもよくない

犬の食生活も飽食の時代。ホームセンターからネットショップにまでドッグフードがあふれていて、太る環境が整っています。残念なことに飼い主の肥満に対する危機感は低いといわざるを得ません。肥満はもちろん、異常な痩せも不健康な状態です。食事の適正量を守ること（29ページ）、適切な運動をすることが健康維持の第一歩です。また、おやつの与えすぎで太ってしまうケースはとても多いです。

からだを触ってチェック

ボディコンディションスコア(BCS)という犬の体型指標を使うと、簡単に肥満度をチェックすることができます（下表参照）。理想はBCS 3で、ポイントは次の3点。

①触って肋骨が確認できる。

②上から見て腰の前方のくびれが確認できる。

③側面から見て腹部が後ろ足に向かって上がっている。

小型犬なら1歳時、大型犬なら2歳

ボディコンディションスコアの基準

BCS	1	2	3	4	5
	削痩	体重不足	理想体重	体重過剰	肥満
体重	≦85%	86～94%	95～106%	107～122%	123%≦
体脂肪	≦5%	6～14%	15～24%	25～34%	35%≦
肋骨	脂肪に覆われず容易に触知できる	ごく薄い脂肪に覆われ容易に触知できる	わずかに脂肪に覆われ触知できる	中程度の脂肪に覆われ触知困難	厚い脂肪に覆われ触知が非常に困難
腰部	皮下脂肪がなく骨格構造が浮き出ている	皮下脂肪はごくわずかで骨格構造が浮き出ている	なだらかな輪郭またはやや厚みのある外見で、薄い皮下脂肪の下に骨格構造が触知できる	なだらかな輪郭またはやや厚みのある外見で、骨格構造はかろうじて触知できる	厚みのある外見で、骨格構造が触知困難

※理想体重の計算法＝上の体型説明とイラストから愛犬をBSC1～5に当てはめ、現体重を、該当すると思われるパーセントの数字で割る。

時が、この体型の適正体重になるとされています。理想的な体型を写真に撮る、体重の変化を記録しておくと、その後の「太った・痩せた」がわかりやすくなります。

太ることのリスク

肥満とは、体脂肪が適正の15％を越えた状態のこと。筋肉質とは違ってぽっちゃりした体型になってきます。太ることでさまざまな病気を発症するリスクがあります。

①足に負担がかかることで、関節や股関節を傷めてしまいます。また、ミニチュアダックスフントなどでは肥満によって椎間板ヘルニア（148ページ）を発症することがあります。

②糖尿病（150ページ）を発症することがあり、やがて食べていても痩せてきます。治療には連日のインスリン注射が必要になることも。炭水化物の過多や運動量の低下も原因となります。

③心臓病（150ページ）をもっている犬が肥満になると症状を悪化させます。急激な運動で呼吸が乱れ、発咳や呼吸困難に陥り、突然転倒したりします。

太ってきたら疑う病気

甲状腺機能低下症は、甲状腺自体の機能不全によって甲状腺ホルモンの分泌が少なくなるために起こります。7～8歳齢の中型犬に多発し、急に太って動きが鈍く、ぼんやりし、皮膚が乾く、色素沈着がみられます。

また、太ったなと思ったら、胸水や腹水がたまっていた、むくんでいた、といったケースもあるため、体重の増加だけで判断するのではなく、体型の変化にも気をつけておきましょう。

痩せてきたら疑う病気

糖尿病になるといくら食べても痩せていきます。やがて食欲不振と元気消失、昏睡状態になると死に至ることがあります。糖尿病の合併症として、白内障や細菌感染による皮膚病、膀胱炎、子宮蓄膿症などが挙げられます。

クッシング症候群（131ページ）は、多飲多尿となり、食欲があるのに痩せていくのが特徴。糖尿病を引き起こす要因となる疾患です。体毛は薄くなって脱毛、皮膚は薄くなり、腹部膨満となります。犬アトピー性皮膚炎の治療など長期間ステロイド剤を使用することによって、同様の症状が引き起こされることもあります。

コクシジウムや回虫などの寄生虫感染で、下痢が続いて痩せてしまうことがあります。

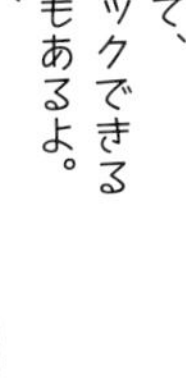

今朝も目やにがついてたよ

心配ない目やにもあるけどね

目やにが出ていたら

目やにとは、目に付着したホコリや皮脂腺の分泌液が固まる生理的なものです。正常な目やには透明で少量ですが、黄色や緑色だったり、大量であったりしたらウイルスや細菌感染が疑われるので診察を受けましょう。また､鼻水を伴えば犬ジステンパー（122ページ）の初期症状を疑います。黄色っぽい目やにが大量に出ます。免疫力があれば軽い呼吸器症状で済みますが、子犬や高齢犬であれば要注意です。

目やにが合図となる目の病気には、以下のようなものがあります。

- **結膜炎**：眼球の白目が赤く充血。涙が出る、まばたきをする。片目だけならシャンプーやケガ、両目であれば感染症やアレルギーが考えられます。
- **角膜炎**：目の表面の透明な膜の傷や目やにで炎症を起こした状態。痛みがあるため、目をしょぼしょぼさせます。
- **ぶどう膜炎**：目のぶどう膜にウイルスや細菌が感染して発症。大量の目やにと強い痛みを伴い白目が充血します。
- **緑内障**：眼圧が上がり、激しい痛みを伴います。遺伝的な原発性と炎症から起こる続発性とがあり、柴犬、シーズーなどが発症しやすい犬種です。

犬にもある､ドライアイ

ドライアイ（乾性角結膜炎）は、涙の分泌不足によって角膜が乾燥する状態で、充血や黄色い膿のような目やにが出ます。進行すると角膜潰瘍となります。また、自己免疫性疾患の一種で、涙の産生量が少ないことが原因となる場合もあります。治療には点眼薬や軟膏などを使い、涙の量を補充する治療が行われます。眼瞼内反症・外反症などのまぶたの形状によってドライアイが起き、形成手術によって処置される場合もあります。予防としては、目のまわりを清潔に保つこと。目が大きくて出ているシーズーやパグなどは発症しやすい犬種です。

「大きな目の子は、目の病気になりやすいんだって。知ってた？」

そのほかの目の病気

以下は、若い犬にも起こる日常的な目の疾患です。知識を備えて、予防につなげましょう。

●**眼瞼内反症・外反症**：瞼が内側にめくれたり、外側にめくれる状態。外科的に矯正します。

●**第三眼瞼腺逸脱（チェリーアイ）**：目の内側の瞬膜から瞬膜腺が飛び出し、赤く腫れる。外科的処置となります。

目の病気では、二次的に角膜が傷つかないようにエリザベスカラーを装着しておくことがありますが、なかにはエリザベスカラーでストレスを感じてしまう犬もいるので、装着後の様子を観察しましょう。

見た目も気になる涙やけ

涙やけとは、流涙症、または鼻涙管閉塞といわれ、目頭の毛が涙の成分で赤茶色に変色した状態の俗称です。原因は、涙管が細い、涙が詰まりやすい、アレルギー、逆さまつげなどです。ペキニーズ、マルチーズ、トイプードルなどに多くみられ、生まれつきのこともあります。

高カロリーや高タンパク質な食べものを摂取しすぎると涙管が詰まって起こるともいわれています。またドライアイから涙が正常に拡散せずに涙やけになるケースもみられます。ふやかしたフードや手づくり食で水分摂取量を増やすと改善がみられます。

変色してしまった涙やけを消すのには、ホウ酸水で目を洗う、または、コットンに含ませて目のまわりの汚れを拭き取り、雑菌の繁殖を防ぐ方法があります。重曹（炭酸水素ナトリウム）も涙やけを消す効果があります。

病院では抗生剤を投与したり、鼻涙管を洗浄したりします。市販品では、サプリメントや浸透性・洗浄作用にすぐれたクリーナーやウェットシートがあります。シャンプーのあとなど、目元までしっかり乾かして拭き取とることで、徐々に改善されていきます。

エリザベスカラーを着けても
まったく気にしない子もいます。

前髪を伸ばしているときは、
結んであげると目にやさしいです。

耳がにおっているみたい

耳が臭いのは 自分自身がいちばん辛いよね

頭を振るのは耳炎のサイン

犬の耳がふだんより強くにおうときは、耳の中の炎症を疑います。犬は、違和感やかゆみを感じて頭を大きく振ったり床や壁に耳をこすりつけたりします。これで耳炎に気付くことができます。頭を振りすぎると毛細血管が切れ、耳の軟骨と皮膚の間に血がたまる耳血腫を発症してしまうことがあります。また、腫瘍やポリープなどにより耳を気にしていることもあり、この場合は外科手術によって除去します。

犬がなりやすい外耳炎

耳に異臭があり、犬が耳を気にしたり、かいたりする様子がみられたら、耳の入り口から鼓膜までの外耳道に炎症を起こす外耳炎を疑います。外耳の常在菌である細菌やカビである真菌の増殖による外耳炎は、犬にとても多くみられます。耳かきでできた傷や、シャンプーや水遊びで耳に水が入って炎症を起こすこともあります。

常在菌のマラセチアによる外耳炎は、黒茶褐色の粘り気のある臭い耳垢が特徴です。垂れ耳のアメリカンコッカースパニエル、耳道の毛の量が多いシーズーやトイプードルは、外耳炎になる確率が高いです。

脂漏症皮膚炎や犬アトピー性皮膚炎を発症している場合でも外耳炎が疑われます。

耳ダニの感染による炎症は耳疥癬（みみかいせん）ともいわれ、0.3 ～ 0.5㎜ほどのミミヒゼンダニが大量に発生し、外耳道の垢を食べたり、耳道の表皮に侵入したりします。強いかゆみを伴うために頭を振り、乾いた大量の黒い耳垢が出ます。目を凝らして見ると白い動くものが確認できます。この耳垢には大量に卵が含まれるため、感染力が強く、治療には数週間かかります。

病院の治療では耳を洗浄、点耳薬が処方されます。綿棒などを使った耳掃除は耳道を傷つけるおそれがあるため、プロに任せましょう。

「このブルブルは、耳がかゆいせいじゃないよ」

最近抜け毛がひどい

抜け毛が増える時期はあるけどね

いい抜け毛と悪い抜け毛

犬の抜け毛には、生理的なものと病的なものがあります。ダブルコートの犬種なら冬毛が春に抜けて夏用の毛に生え変わり、秋に夏用の毛が抜けて冬用の毛に生え変わります。これは起こって当然の脱毛です。いっぽう真菌に感染、ダニなどの寄生虫による皮膚炎（133ページ）でも脱毛が起こります。

夏用と冬用で毛が生え変わります。

病的な脱毛とは?

皮膚炎とは違い、内分泌性疾患で起こる脱毛があります。

●**副腎皮質機能亢進症（クッシング症候群）**：コルチゾールというホルモンが過剰に出ることにより起こります。毛が細くなりますがかゆみはまったくありません。脱毛のほかに皮膚の黒ずみ、多飲多尿、異常な食欲増加など。10％の割合で糖尿病を併発します。高齢になるとかかりやすい病気といわれています。よくみられる犬種はプードルやダックスフント、ヨークシャーテリアなどのテリア種です。

●**脱毛症X（アロペニアX）**：ポメラニアン脱毛症とも呼ばれるポメラニアンで多発する脱毛症です。かゆみはなく頭部と足先以外の左右対称に脱毛がみられます。性ホルモンを抑える薬の使用で発毛がみられることもありますが、多くは一生脱毛したままなので、服を着せて皮膚を保護するようになります。1歳齢ごろから、肩やお尻の毛が薄くなる、短くなるなどしたら診察を受けましょう。

ストレスからくる脱毛症

犬はストレスを感じると、からだを舐めたり噛んだりすることがあります。濡れた円形の脱毛部があれば、犬のストレス性脱毛症かもしれません。環境の変化や同居動物との相性、コミュニケーション不足など、思い当たることはありませんか？　犬との接し方を振り返ってみましょう。

皮膚が赤くなっている

根治しない皮膚炎もあるけど、緩和・改善をめざそう

犬に起こる皮膚炎のタイプ

皮膚が炎症を起こして赤くなる、発疹ができる、といった症状があれば、皮膚炎を疑います。皮膚の基本構造が壊れ、バリア機能が低下して皮膚が赤くなるほか、脱毛やかゆみを伴うことが多く、しきりにかいたり舐めたりする様子で気付きます。

犬には皮膚病が多いのですが、とくに体質的に皮膚が弱かったり、アレルギーをもっていたりすると皮膚炎になりやすく、なかには根治が難しいケースもあります。

皮膚炎にならないために

皮膚炎のなかには、生活習慣で予防、改善することができるものもあります。
①食事を改善して免疫力をアップします。良質な動物性タンパク質や植物性タンパク質を選びます。
②抗菌性シャンプーで細菌の増殖を抑えます。角質溶解性シャンプーでフケや皮脂を減らす。保湿性シャンプーで保湿。止痒性シャンプーでかゆみを減らす、などの方法があるので専門家に相談して選びます。薬浴は多くても週1～2回までを目安にします。
③サプリメントでオメガ3脂肪酸、魚油、亜麻仁油、アミノ酸、ビタミン・ミネラルなどを補います。

アレルギーによる皮膚炎

食物やハウスダスト、花粉などにアレルギーがあると皮膚炎となって現れることがあります。

● **犬アトピー性皮膚炎**：アレルゲン（アレルギーを引き起こす物質）に対する過剰な免疫反応で発症し、耳や顔、指の間、脇の下、お腹などがかゆくなります。舐めたりかいたりすることで、皮膚が赤くなったり、黒く色素沈着を起こしたりします。代表的なアレルゲンはダニ、食物中のタンパク質など。発症には遺伝的要因がかかわり、体質的に柴犬、フレンチブルドッグなどに多くみられます。根治は難しいですが、アレルゲンが特定できれば、それを避けることで発症を抑えられます。

● **食物アレルギー**：アトピーほどひどくはならなくても、特定の食物のアレルギーで皮膚に赤みやかゆみがでることがあります。こちらもアレルゲンが特定できれば、それを避けます。

● **ノミアレルギー性皮膚炎**：ノミの唾液がアレルゲンとなる皮膚炎です。首の後ろや背中から腰、尾から肛門周囲にかけて脱毛や赤い発疹ができ、とてもかゆがります。外用または内服薬でかゆみを抑えつつ、ノミの駆除剤を処方してもらえば容易に解決します。

細菌による皮膚炎

常在菌のなかには、皮膚炎の原因となるものがあります。免疫力が低下しているときなどに発症します。

● **表在性膿皮症**：犬の皮膚などに常在しているブドウ球菌が原因となる皮膚炎で、菌が毛穴で増殖して赤い発疹ができます。かゆみを伴い、フケが出ます。内科疾患をもつ犬に発症しやすく、犬アトピー性皮膚炎などで皮膚をかき壊した部位にも感染が起こりやすいとされています。高温多湿の季節に常在菌が増えるので注意します。

● **マラセチア皮膚炎**：常在菌である真菌（カビ）の一種、マラセチアが皮膚の表面に増殖し、赤みやかゆみを引き起こします。油脂を好む菌なので、脂漏体質の犬に発症しやすい皮膚炎です。

いずれの場合も、かゆみを抑える薬での治療と、抗菌シャンプーや外用薬で菌の繁殖を抑制しますが、再発しやすいのも特徴です。

寄生虫による皮膚炎

ダニなどの寄生虫に刺されて起こる皮膚炎。

● **疥癬**（かいせん）：イヌセンコウヒゼンダニに刺されて起こる皮膚炎で、お腹に赤いブツブツができ、フケと一時的に強いかゆみを伴います。駆除剤でダニを殺虫しますが、ダニはほかの動物へも移動するので、多頭飼いではすべての犬に駆除をしたほうが安全です。

● **毛包虫症**：ニキビダニ（アラカス）に刺されて起こる皮膚炎で、ニキビダニ自体は犬の毛穴に常在すると考えられています。それが増殖すると毛穴で炎症を起こし、赤いブツブツができ、脱毛します。ニキビダニは母犬からもらった可能性が高く、成犬間では伝播しません。若犬で発症すれば自然治癒することがありますが再発しやすく、その場合、駆除剤とあわせて内服薬で治療してきます。

できものができてしまった

歳をとるとできやすい。
悪性のこともあるから気をつけて。

犬はできものが多い

犬は皮膚炎や湿疹をふくめ、できものが多い生きものです。犬の体表にできものを発見したら、それがケガや皮膚病なのか、あるいは腫瘍なのか、腫瘍だった場合、それが良性なのか悪性なのかの判断をしなければなりません。イボ状のできものほか、腫れやしこりとなって現れることがあります。

湿疹やニキビのような小さなブツブツやかさぶたは、まず皮膚炎が考えられます。ノミやダニの寄生、アレルギーによるもの、膿皮症など感染による炎症です。同じく細菌感染による炎症に、膿がたまって腫れる膿瘍があります。また、高齢になれば体表のあちこちに1～2㎜ほどのイボができます。こうした皮脂腺腫や皮膚乳糖腫などのイボであれば問題ありません。

皮膚にできる良性のできもの

犬によくみられる皮膚のできものには、表皮にできるもの、皮下にできるものがあります。

● **表皮嚢胞**：皮膚の下に袋状の嚢腫ができ皮脂や古い角質がたまる良性のできもの。高齢で多く発生します。放っておくと徐々に大きくなり破裂することもあるため、1㎝を超えたら病院へ。

● **脂肪腫**：脂肪細胞が増殖してしこり（脂肪の塊）ができる良性の腫瘍。高齢に多く発生し、メスの発生率が高いです。全身のあちこちにできます。

● **組織球腫**：丸く膨らむ良性の腫瘍。若い犬に多く発生します。たいてい自然になくなりますが、大きくなるならば切除することもあります。

● **毛包腫瘍**：皮膚に固いこぶのようなものができ、まれに炎症を起こします。

注意が必要なできもの

しこりが0.5㎝以上に大きくなると腫瘍の可能性がでてきます。腫瘍には悪性のものもあり、良性であっても大きくなると破裂したり、生活に支障が出たり、ガン化するものもあるため、早期の発見が望まれます。犬の腫瘍で圧倒的に多い場所は乳腺です。また体表や口腔内、肛門周囲、耳道などに腫瘍を発見することがあります。

乳腺にしこりができる乳腺腫瘍は良性と悪性が半々、体表にできる脂肪細胞腫、扁平上皮ガン、腺ガンなどは悪性です（152ページ）。口腔内では、悪性メラノーマ、扁平上皮ガン、良性の歯肉腫などの腫瘍があります。

早期発見のために

日常的にするスキンシップやブラッシングで、できものは容易に発見できます。長毛種だと目視では見つけにくいので、よく触れることが大事です。腫瘍の多くは高齢で発生するのでとくに気をつけ、小さなものでも発見したら診察を受けましょう。また、犬種によってはできやすい腫瘍があります。腫瘍は、健康診断の血液検査やレントゲン、超音波検査で見つかることもあります。

前足など犬の目につく気になる場所にできた場合、できものを気にして舐めたり、引っかいたり、かじったりして、血液や組織液が止まらず悪化させることがあるので、エリザベスカラーを装着することもあります。

できものができたら

できものの種類を飼い主が特定するのは難しいので、まずは病院へ。腫瘍が良性なのか悪性なのかは、内部の組織を針生検や部分切除の病理検査で診断します。良性だった場合でも悪性化させないための切除は有効です。

悪性腫瘍の治療には、腫瘍を取り除く外科手術、放射線治療、抗がん剤があります。どこでどんな治療を受けるかは、セカンドオピニオンを受けるなどして、納得のいく方法を見つけることが望まれます。

腫瘍の切除手術は、半導体や炭酸ガスによるレーザー治療やレーザー局所凝固療法などが効果的で安全です。摘出できない腫瘍にはレーザーミア（局所温熱療法）などの選択肢もあります。

さわってチェック。乳腺腫瘍の触診方法

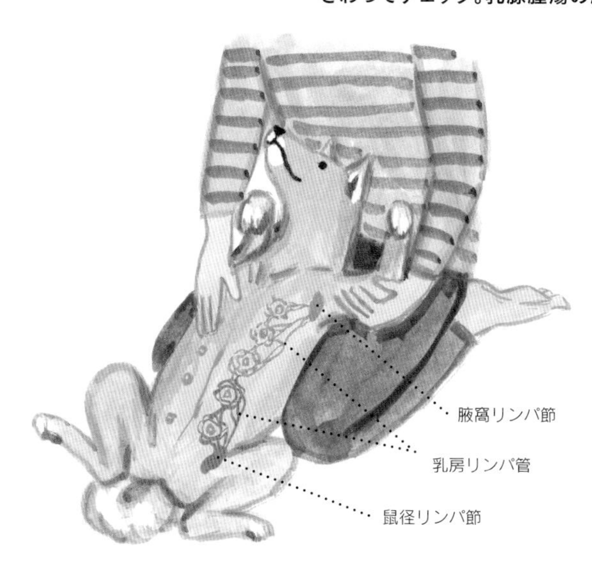

犬には4～6対（多くは5対）の乳頭と乳腺があり、周辺に複雑に乳房リンパ管が巡っています。頭側から3つ（第1～3乳腺）と、尾側から2つ（第4～5乳腺）は、それぞれ別のリンパ節に支配されています。乳腺の触診は以下のように行います。

①犬を仰向けにして、ひざにはさみます。
②乳頭のまわり（乳房リンパ管のエリアに乳腺がある）を、やさしくつまむようにしてマッサージ。
③さらに、わきの下（腋窩リンパ節）から足の付け根（鼠径リンパ節）までをチェック。
④皮下にしこりや違和感があったら診察を受けましょう。0.5～2.0㎝までの大きさで見つけたいです。

お口が臭いらしい

予防が一番と知りながら、サインで気付くのがお口のトラブル。
症状として、食べづらそう、口が臭い、よだれ、口元をひっかく、歯肉の出血、歯がグラグラする、歯垢や歯石がある、などで気付きます。

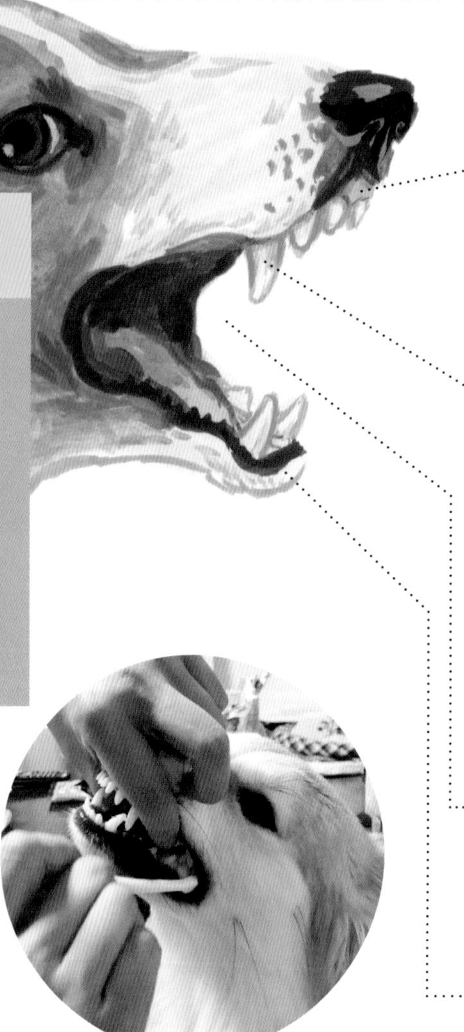

ブラッシングには、犬用の歯磨きペーストと歯ブラシを使います。子犬のころから練習しましょう。

口腔内のチェック項目

①粘膜はきれいなピンク色か

唇をめくって粘膜の色を見る。健康ならピンク色、白っぽいときは貧血、黄色っぽければ黄疸の疑い。口腔内にできる腫瘍もあります。

②歯茎の腫れや歯のグラつきはないか

歯肉と歯、舌を観察し、出血、腫れ、歯肉の退縮、歯垢の蓄積、歯のグラつきや欠落はないかを見る。健康な歯は白色、出血や腫れは歯周病の疑い、歯肉の退縮は歯垢や歯石の付着によるもの、歯のぐらつきや欠落は、生後4～7か月齢の子犬なら歯の生え変わり、成犬では歯槽膿漏の疑い。

③口臭は強くないか

口を開けてにおいを嗅いで、いやなにおいがしないかを確認。強い口臭があれば、歯周病、口内炎、内臓疾患の疑い。

④よだれは出ていないか

よだれが異常に出ていないか。口腔内の異常のほか中毒や嚥下(えんげ)困難、熱中症、てんかん、歯肉腫の疑い。歯の抜けかかり、異物がはさまっていることも。

犬にとても多い歯周病のこと

3歳以上の犬の8割が歯周病といわれています。細菌の塊である歯垢が唾液のカルシウムなどと結合して石灰化した歯石は、放置すると歯肉が炎症を起こす歯肉炎になり、悪化すると歯周病となります。歯肉炎から軽度の歯周病では、歯肉が赤く腫れ、歯磨き時に出血がみられますが、この段階であれば正しい歯磨きを毎日行うことで、改善が可能です。

歯が見えないほどに歯石がつき、強い口臭、歯肉の退縮がみられるまでになったら診察を受けましょう。病院ではスケーリングによって歯石を除去します。治療をするとストレスから解放され、食欲が増し穏やかになります。

歯周病がさらに進行すると歯を支える骨が溶け、最後は歯が抜けてしまいます。また、そこまで進行するまでに相当量の細菌群を体内に取り入れてしまうので、心臓や腎臓、肝臓などの臓器にも影響を与えます。

歯周病を予防する

一番の予防は、毎日の正しい歯磨きです。歯周病予防のためには、歯そのものを磨くのではなく、歯周ポケットをきれいにするのがポイントです。病院で定期的にクリーニングしてもらうのもよいでしょう。最近では歯周病菌を弱らせるグロビゲンPGを含むサプリメントがありますが、歯磨きに勝るものはありません。

歯磨きに慣れてもらう手順

①口に触れる練習

口のまわりを触れるのをいやがる犬は多いです。お迎えした最初のころから、フードやおやつを使って、まずは口に触れられることに慣れてもらいます。

②歯を触る練習

指にチーズやヨーグルトをつけて舐めさせながら、口の中に指を入れます。慣れてきたら少しずつ、前歯（切歯・犬歯）に触れ、奥歯に触れる、とステップアップしていきます。これができたらチーズやヨーグルトを歯磨き粉に替えてステップアップします。

③歯ブラシで磨く練習

歯ブラシに歯磨き粉をつけ、まずは舐めるところから。舐めている間に歯ブラシで歯に触れます。ここから歯に触れる範囲を増やし、歯磨きをマスターします。歯垢や歯石は前臼歯と後臼歯に付きやすいので、重点的に磨きます。歯茎と歯の境目（歯周ポケット）もきれいにします。

※「できたら、ほめる」はすべてに共通。ごほうびを使ってもいい。いやがるようなら無理はせず、前のステップに戻るか、明日また挑戦する。生後半年までのマスターをめざしましょう。

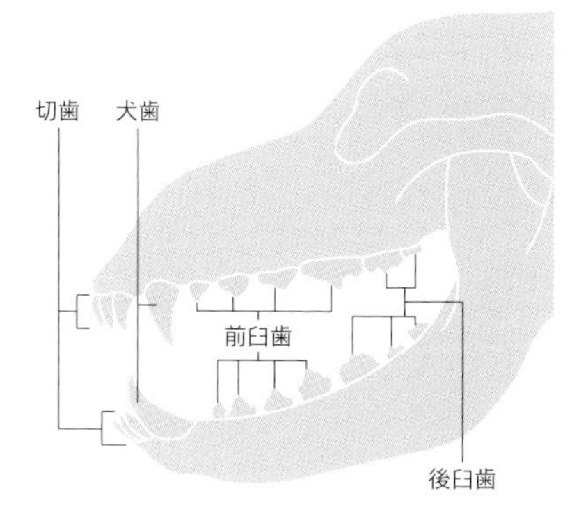

健康編

PART 3

行動としぐさをチェック

犬をはじめとする動物は
本能的に、
不調を隠そうとするため、
変化に気付きにくい
かもしれません。

正常を知って異常に気付く

下痢や血尿などは抑えられませんが、体調不良や病気を隠そうとしても行動に出してしまうということは、よほど具合が悪いということです。本能から、痛みを隠し、ふだんどおりに過ごして見えるがために不調に気付けず、悪化させてしまうこともあります。不調を隠されると、見つけてあげるのはなかなか難しいのですが「愛犬の正常」を把握することで、触れたときの違和感など小さな変化に気付くことができます。

今日は散歩に行きたくない

毎日の楽しみなのに。
どこか具合が悪いのかな？

いつもと様子が違ったら

大好きな散歩に行きたがらないなんて、どこかが痛むのか？　元気がないのか？　それとも気まぐれ？

愛犬の様子がいつもと違ったら体調が悪いのかもしれません。散歩以外にも、食欲がない、寝てばかりいる、なぜか唸っている、逆にやけに甘えてくるなど、犬がみせる変化を見逃さないことが不調を発見する大切なポイントです。心配したけど病気じゃなかったのなら、それはそれで大歓迎ではありませんか！

「今日は、おうちでこうしていたいな」
そんな日も、あるよね。

愛犬の正常を知る

愛犬の健康情報を手帳などにまとめておくと便利です。日々の記録をまとめていくと愛犬の「正常」を知ることができます。いざというときのために日常の健康情報が役に立つのです。また、写真や動画での記録も便利です。

手帳には、記録日とその日の調子をチェックして記入します。食事、体重、元気、食欲、散歩状況、排泄物の状態の確認。体表のチェックでは、触ってからだが熱くないか、鼻水、目やに、毛づや、地肌にフケやかゆみはないか、歯肉の色に変化はないか、口臭や歯石はないか、耳は汚れたりにおったりしていないか、などです。

こうしてデータを積み重ねておけば、日々の変化を確認しやすいだけでなく、過去を振り返って、体重の増減がいつごろから起こったか、それは食事と排泄物に関係しているか、などもわかりやすく診断に役立ちます。

歩き方や行動、咳や吐き気、けいれんなどの説明には動画があれば、獣医師への説明もしやすくなります。

足が痛くて歩きにくい

歳をとるとひざが痛むよね

起こりやすいケガ

足の痛みを訴えるケガには、骨折や打撲、脱臼、外傷などがあります。トイプードル、イタリアングレーハウンドなど足の細い犬種は骨折しやすいので、飛び降りなどによる事故に注意。足の変形や腫れ、痛そうに歩く、あるいは歩けなくなるなど歩行の異常がみられることで気付けます。

からだの大きさを問わず、飛び降りた衝撃などで脱臼してしまうこともあります。痛みが治まると脱臼したまま過ごせることもあるので、早めに気付いてあげたいものです。

老化で起こる関節炎

人と同じく、犬にも軟骨の老化などによる関節炎が起こります。軟骨のクッション性が損なわれると骨と骨に摩擦が起こり痛みます。歩き方がおかしい、歩きたがらない、などで気付けます。軟骨を再生することはできないため完治は難しいのですが、まだまだ動けるようであればなるべく運動を継続し、筋力を保つようにします。太っていると関節に負担がかかるので、若いうちから発症することもあります。

犬種により起こりやすい足の痛み

トイプードルやチワワなどの小型犬にみられるのが、膝蓋骨脱臼です。膝蓋骨（皿）が内側にずれ、徐々に膝が伸ばせなくなってしまいます。

レトリーバー種やジャーマンシェパードなど大型犬にみられるのは、股関節形成不全です。生後1歳ごろまでに発症することが多く、後ろ足の様子がおかしい、腰を振って歩く、横座りをするなどがみられます。

いずれも若いうちに発症した場合、運動は制限せずに足腰を十分成長させることが大切です。悪化すれば外科的処置をすることもあります。

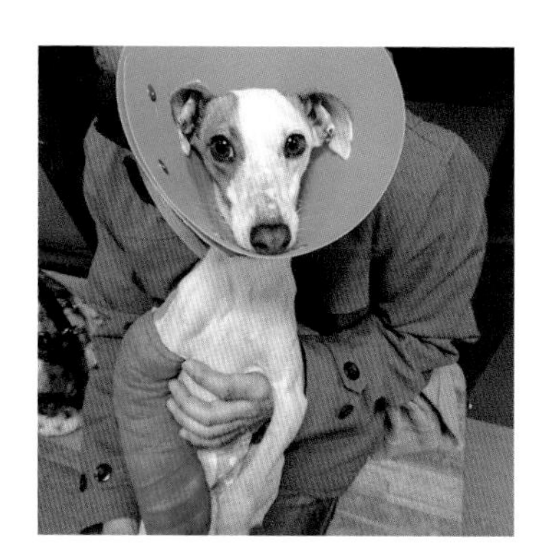

「右手を骨折しちゃったの。
早く走りまわりたいよ」

咳が出てしまう

大きな病気が隠れていることも

咳が出る

興奮や空気の汚れなどでむせるくらいなら心配ありませんが、呼吸器疾患や、病気が潜んでいるかもしれません。呼吸器の不調では、呼吸が荒くなる、苦しそうな呼吸をすることもあります。正常時の呼吸を知っておけば、異常に早く気付けます。通常の犬の呼吸数は1分間に20～30回。愛犬の安静時の呼吸数を数えてみましょう。週1回程度チェックすると安心です。

ひどいときには病院へ

軽い咳でも長く続いたり、強く咳込んだりしていれば、重症化することもあるため病院で診察を受けましょう。診察室では犬が目の前で咳をしてくれないので、その瞬間を動画で撮っておくと診断に役立ちます。咳から考えられる病気は、以下のようなものです。

- **気管虚脱**：気管の変形によりガチョウの声のような独特の咳が出ます。ひどくなるとパンティングや呼吸困難となります。
- **ケンネルコフ(犬伝染性気管支炎)**：ウイルスや真菌に感染（感染性）、ホコリや花粉などを吸引(アレルギー性)して起こる気管支炎。乾いた短い咳が発作的に出ます。子犬や高齢犬では重症化することがあります。
- **僧帽弁閉鎖不全症**：犬に最も多い心臓疾患で、のどに何か引っかかったような咳、むせるような咳が出ます。高齢の小型犬に多い疾患です。
- **心臓肥大**：気管が圧迫されて乾いた咳が続きます。
- **犬ジステンパーウイルス感染症**：鼻水や咳、くしゃみなどの呼吸器症状とけいれんなどの神経症状がみられます。
- **肺炎**：細菌やウイルスなどの感染やアレルギーなどによって発症。咳や発熱、呼吸困難となります。
- **犬フィラリア症（犬糸状虫症）**：犬糸状虫による感染症。ゼーゼーとした咳、苦しそうな呼吸がみられます。

安静時の呼吸を数えておくと、
異常時と比べられます。

くしゃみと鼻水…風邪かな？

ごはんのにおいもわからないから、早く治してもらおう

鼻の不調は犬の一大事

くしゃみや鼻水は、鼻や気道に付着したウイルスやホコリなどの異物を体外に排出する反応です。異物が入って炎症などが起こるのが、犬の鼻の疾患です。鼻は犬にとって大切な器官です。鼻の疾患は生活に支障を来し、食欲不振や元気がなくなってしまうことにつながります。

犬は風邪をひかない!?

犬は人間のように寒くて鼻水をたらすことはありません。くしゃみ、鼻水が出ているなら、次のような疾患が考えられます。

「何だか鼻がグーグー鳴るんだけど、
これって風邪じゃなかったの？」

- **鼻炎**：鼻腔に細菌やホコリが入ることで起こる粘膜の炎症。重症化すると粘り気のある鼻水が出ます。細菌感染であれば抗生物質や消炎剤を併用、アレルギーが原因なら抗アレルギー剤を投与。免疫力をつけることも大切です。
- **副鼻腔炎**：鼻炎が慢性化し、膿がたまりやすくなった状態で、歯周病や、鼻腔内の腫瘍が原因となる場合もあります。鼻炎の症状に加えて、苦しそうな呼吸をします。原因に合わせて抗生物質の投与、歯周病が原因であればその治療をします。
- **鼻腔狭窄症**：鼻腔の形状によるもので、パグやフレンチブルドッグなどの短頭種に多い疾患です。口呼吸をするようになり、のどが炎症を起こしやすくなります。よほどひどい状態でなければ保存療法となります。体温調節に注意し、肥満にならないように注意しましょう。
- **逆くしゃみ症候群**：息を激しく吸い込む症状で、発作性呼吸ともいわれています。小型犬や短頭種に多くみられ、興奮すると出ることがあります。病気ではないので様子をみましょう。犬によって違いますが、胸や鼻筋をさする、息を吹きかけるなどで治まることがあるので、そのような方法を見つけてあげられるとよいです。

変なうんちが出ちゃった

排泄物は健康状態のバロメーターだからね

排泄物は情報の宝庫

排泄物をチェックすることで多くの情報が得られます。尿であれば色調や排泄具合、便であれば硬さや色調。それぞれの回数など。いつもと違う、おかしいと感じる排泄物の場合は、犬のからだに異常を来している可能性があります。

いつもと違ううんち

便の異常には、下痢、便秘、血便などがあります。便の状態は食事や環境などによる影響が大きく、ストレスをなくし、消化吸収率がよい良質なドッグフードを与えることが健康的な便を作ります。穀物が多すぎるフードだと便の量が多くなり、十分な栄養が摂れていないことがあります。

● **下痢**：腸内細菌のバランスの乱れ、消化管内における寄生虫症、ウイルス感染症、腸炎などが原因となります。消化不良で起こる場合、食べすぎ、飲みすぎ、フードが合わない、ストレスなどが考えられます。発熱や嘔吐を伴えば消化器の疾患が考えられます。

- 小腸性の下痢＝1回の排便量が多く、黒色タール状の血便や水様の便。
- 大腸性の下痢＝回数が多くなり、粘液と一緒に排泄されます。軟便である

ことが多い。
•ストレスによる神経性の下痢＝一過性のものが多い。
•細菌感染・ウイルス感染による下痢＝血便となることもあり、脱水、発熱の症状を伴います。

下痢になったら、いったん食事を抜き、脱水を起こさないよう水はきちんと与えて様子をみます。食事を抜いても治らず、2～3日も下痢が続くようなら診察を受けましょう。

● **便秘**：便が4日も出ないと便秘と考えます。腸内細菌の環境の乱れや神経性の便秘、あるいは水分や食物繊維が少ないフードでも便が硬くなります。水分をしっかり摂り、食物繊維が豊富なフードにすれば改善されます。

● **血便**：腸炎や、肛門周囲のトラブルで起こります。出血の箇所によって血便の色が変わってくるので、発見したら観察し、診察の参考になるよう写真を撮っておきましょう。
•便に血液が混ざる血便＝大腸からの出血が考えられます。
•便全体が黒っぽい血便＝口腔、胃、十二指腸、小腸からの出血が考えられ、犬鉤虫の寄生や肉類の多い食事で黒くなることもあります。
•便表面に潜血が付着する血便＝大腸から肛門付近の出血が考えられます。
•赤い下痢＝食物アレルギーや細菌性腸炎が考えられます。

● **異物が混ざる**：フードが合っていないか、消化しづらいもの、食べてはいけないものを食べたことが考えられます。また、腸内環境が整っていないことも考えられます。

腸内環境を整えよう

腸内環境を整えることで健康は維持されます。犬にも人と同様、善玉菌、悪玉菌、日和見（ひよりみ）菌の3群の腸内細菌があり、このバランスが取れているのがいい状態です。ストレスがある、生活習慣が乱れると腸内環境も乱れます。

悪玉菌が優勢になると有害なアンモニアが発生するなど、病気のリスクを高めます。乳酸菌に代表される善玉菌は、悪玉菌を抑えて腸の働きを活性化させ、免疫力を維持、血糖をコントロールするなどのよい働きをします。原因不明な便秘や下痢を繰り返すのは、腸内環境が乱れている合図です。

食生活や生活環境を見直し、善玉菌を増やすことで腸内環境は整っていきます。発酵性が高い食物繊維である穀物、サツマイモ、オリゴ糖、キノコ類、果物。乳製品ならばヨーグルトやヤギミルク、乳酸菌サプリメントは犬の腸内乳酸菌を増やすのに有効です。

おしっこの様子がおかしい

色やにおいがいつもと違ったら要注意

尿の状態をみる

毎日、目にする尿でも犬の健康状態がわかります。尿は腎臓で生成されて尿管から膀胱にたまり、尿道の開口部から排出されます。尿の異常は、この経路に問題があって起こります。見た目やにおいで確認できるものとして、以下のようなものがあります。

- **濃い黄色**：水分不足で濃縮された尿で、脱水症状が考えられます。とくに冬場は飲水量が減るので注意です。
- **赤色や濃茶色**：血が混ざったことによる色の変化で、泌尿器系の疾患が考えられます。膀胱や尿道に細菌感染を起こす膀胱炎などが考えられます。
- **薄い色**：多飲であれば慢性腎機能障害、糖尿病（150ページ）、クッシング症候群（131ページ）などが疑われるので、病院での検査が必要になります。
- **キラキラ**：キラキラしてざらついていたら、それは尿中のリン酸アンモニウムマグネシウムやシュウ酸カルシウムなどの結晶です。尿のpHの変化で結晶ができ、放置すると尿路で結石となって排尿困難となったり、膀胱に結石ができる尿石症状となり危険です。
- **においがきつい**：膀胱炎など尿路の炎症が考えられます。
- **濁り**：メスの子宮や膣の炎症や発情中、あるいは子宮蓄膿症によるおりもので濁ることも。膀胱炎でも濁りがみられます。

室内ではガマンして屋外だけで排泄する犬は膀胱炎になりやすいため、室内でも排泄できるようにしましょう。

血尿が出たら

血尿は、屋外だと見つけにくいのですが、室内ならばペットシーツが赤く染まることで気付きます。

- **膀胱炎**：メスに圧倒的に多く、細菌によって起こる膀胱の炎症です。残尿感から頻繁に排尿するようになります。抗生物質の投与でだいたい治まります。
- **尿路結石症**：尿路に結晶や結石ができる病気で、結石が尿道や尿管の壁を傷つけ、強く痛みます。ミネラルとタンパク質が固まるのが原因なので、食生活を変え、水分を多く摂らせます。
- **前立腺炎**：オスにみられる疾患で、膀胱や尿道の細菌感染が原因となり、尿が出にくく、血尿が出たりします。抗生物質の投与で治療します。
- **膀胱腫瘍**：膀胱にできる腫瘍で最も多いのが移行上皮ガンで、膀胱炎や結石と症状が似ているため、エコーなどで診断します。

せっかく食べたのに吐いちゃった

犬は人間よりも、吐くことが多いんだ

悪くない「吐き」もある

犬の嘔吐には、吐いても問題ない場合と問題がある場合とがあります。問題のない嘔吐とは、空腹や食べすぎ、あるいは不安や車酔いなどの生理現象によるものです。そうでない場合、誤飲や病的なものかもしれません。犬が病的に吐くのは、隠すこともできないからだの反応です。

吐き方のタイプ

人の食道が平滑筋で組織されているのに対して、犬の食道は横紋筋で組織されているため、犬のからだはもどすことが容易です。したがって犬は人間より吐くことが多く、その種類には、吐出、嘔吐、嚥下(えんげ)困難の3種類があります。

- **吐出**：胃に達する前の未消化のものを吐き出すことで、なんの前触れもなく突然起こります。
- **嘔吐**：胃内容物が腹壁の収縮に伴って吐き戻されるもので、やや消化されている状態で吐き出されます。また、胃液や胆液が見られたりします。
- **嚥下困難**：飲み込めなかった食べものを吐き戻すことです。

吐き方でわかる不調の種類

吐きつづける、腹痛がある、下痢を伴う嘔吐は問題です。こうしたときは飲水しても吐いてしまうので控えます。とくに怖いのは、大型犬が食後に運動したために起こる胃捻転で、腹部は膨満し、吐きつづけ、緊急の外科的処置を必要とします。

- **苦しみながら吐く、吐こうとしてもなかなか吐けない**：誤飲など胃に問題があるかもしれません。
- **食べものを飲み込めずに吐く**：食道やのど付近の異常が考えられます。
- **血便や下痢を伴う**：犬パルボウイルス感染症（122ページ）や胃腸炎などが考えられます。
- **けいれんや震えを伴う**：中毒症状が考えられます。子犬では、稀に回虫を吐くことがあります。ただちに病院で駆虫してもらいましょう。

吐物は保管したり、写真に撮り持参すれば、診察に役立ちます。

うまく立ち上がれない

骨や筋肉の不調のほか、脳神経からくる病気もある

考えられる病気は?

立ち上がりにくそう、歩きにくそうなときに、まず考えられるのは、筋・骨格に関連した病気です。股関節形成不全や膝蓋骨脱臼(121ページ)なら、転倒したり、壁や家具にぶつかっても大丈夫なようにガードしたり、フローリングなど滑りやすい床材はカーペットやマットを敷いて対応しましょう。

脳神経に関連した病気には以下のようなものがあります。

● **椎間板ヘルニア**:背骨と背骨のクッションである椎間板が逸脱して脊髄を圧迫し、足や腰の麻痺によって排泄や歩行が困難になってしまう疾患です。炎症を抑える治療や外科的に治療をしたり、鍼灸治療を行うこともあります。

● **変形性脊椎症**:胸椎13個と腰椎7個のうち、どこかの間の椎間板がつぶれ、骨同士がこすれてつながってしまう疾患です。その結果、痛がり、尻尾を振らなくなります。放置すると椎間板ヘルニアになることがあります。

● **前庭障害**:内耳にある平衡感覚をつかさどる器官、前庭の障害で、高齢の犬にみられます。急に頭を傾け、眼振と呼ばれる黒目が回転したように動く症状、一方向に旋回したり、立ち上がれなくなってしまう疾患です。頭をぶつけないようにサポートします。食べずらくなるため一時的に食欲が落ちますが、徐々に回復していきます。

● **脳脊髄の腫瘍**:脳腫瘍も脊髄腫瘍も発症すると、傾きやふらつきなどの行動の変化が現れます。MRI検査などで詳しく調べると見つけられます。脊髄腫瘍の症状は、椎間板ヘルニアや関節炎の症状とよく似ています。

● **てんかん**:犬種を問わず発症する遺伝的な病気でけいれん発作を繰り返します。てんかんのタイプには、全身に力が入り、転倒してけいれんを起こす強直性のてんかん。片足や半身のひきつけを起こす焦点性発作。上方の空間を噛むフライングバイティングをする行動性発作。おじぎをするような脱力発作。ビクビクした感じで反応するミオクロミン発作などがあります。

発作はすぐに治まり、終われば何事もなかったように日常に戻ります。3か月間に1回以上の発作が出れば治療を開始します。それ以上放っておくのは寿命を縮めてしまいます。

治療には、抗てんかん薬療法、中鎖脂肪酸配合の食事療法、座薬などがありますが、突発したときのためにミタゾラムの経鼻薬を処方してもらうこともあります。発作の回数と血液中の薬の濃度をみながら投薬量を決めていきます。てんかん発作は動画に記録することで診察に役立ちます。MRIでも信頼の高い診断が得られます。

犬用車椅子と義足

事故や病気で四肢を失ってしまったとしても、犬用車椅子や義足を使うことで歩行が可能となります。一般に犬用車椅子は二輪タイプが主流ですが、前足、後ろ足とも弱っている場合のために四輪タイプもあります。義足は欠損した肢の形状や機能を補うために装着する人工の足です。

また、視力を失った犬のための軽量化されたドッグバンパーという補助グッズが開発・販売されています。これを装着することで障害物に当たる感触がからだに伝わって、歩行できるようになります。これにより日常の行動範囲が広がり、運動量がアップ、生活が豊かになります。

犬のための補装具

犬用車椅子

後ろ足の麻痺などで起立できない場合、犬用車椅子を装着することで歩行が可能になります。素材は軽くて丈夫な計量アルミ。基本的に、犬種や体格に合わせたオーダーメイドになります。購入後の体型の変化に対応できるように、サイズの調整ができるタイプもあります。後ろ足ホルダーや胴当てがついていて支えやすく工夫されています。犬にとっても車椅子を装着することは、とまどってしまうことなので、レンタル対応商品から試す方法もあります。また、足を引きずってしまう犬のための靴もあります。

義足

動物義肢装具士によって制作されます。切断部位が上方になるほど歩行が難しく、逆に残っている足が長いほど義足に力を伝えやすいとされています。義足を装着したまま車椅子を使ってリハビリからはじめるといった使い方もあります。とにかく犬に自立してもらうためのリハビリです。
義足は、サメに前足を食いちぎられたアカウミガメが装着して泳いでいたり、タイでは2tもの大きな象が義足を装着して歩行したりしています。

プールでのリハビリは、からだへの負担を少なく、筋肉を鍛えられます。

生活習慣が悪かったの？

生活習慣が要因と考えられる疾病を総じて生活習慣病と呼ぶよ

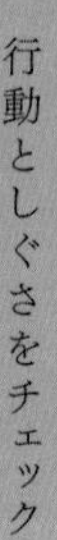

犬の生活習慣病が増えている!?

人の社会でも気にする人が多い生活習慣病ですが、犬にも生活習慣病があることを知っていますか？　犬の寿命が延びたことから、中高齢からの犬に生活習慣病が増えています。食生活が豊かになった反面、高カロリーや高脂質であったり、不要な添加物が使われていたり、室内飼育が増え運動不足だったり、さまざまなストレスを抱えていたり、要因も人間と同じです。

肥満が招く糖尿病

犬の糖尿病が増えています。多飲多尿、元気消失、下痢や嘔吐、体重減少などの症状が現れます。発症すると完治は難しいのですが、食生活を改善し、血糖値を抑えるフードに替えることで対処します。自宅でのインスリンの注射が必要になることもあります。進行するとほかの病気との合併症を起こすリスクも高くなります。

遺伝的要因もあり太りやすい犬種がかかりやすいようです。また歯周病は悪化の要因となります。予防として、適正な食事量と運動、歯磨き、ストレスのない生活をこころ掛けることです。

加齢によって増える心臓病

犬の心臓病で最も多いのが僧帽弁閉鎖不全症（142ページ）です。加齢により発生が増加し、散歩中に突然立ち止まる、疲れやすくなることで気付きます。心臓内の逆流や閉鎖不全を起こし、心拍出量の低下によって心臓肥大になり、心雑音が聞こえ、心拍数が多くなります。左心房が膨らむことで気管の一部が押されて咳が出はじめます。さらに肺にも血液がたまり肺水腫を起こします。家庭では安静時の心拍数を知っておくことで、病状の早期発見につながります。

その他の心臓疾患として、先天性心血管奇形の動脈管開存症、心室中隔欠損症、心筋の機能が徐々に低下する拡張型異常心筋症、寄生虫感染の犬フィラリア症(153ページ)などがあります。

早期発見したいガン

10歳以上の犬の死因のトップはガンといわれています。犬のガンは獣医療の進歩により発見しやすくなり、治療の選択肢も広がっています。

何より大切なのは人と同様、早期発見・早期治療です。腫瘍が小さいうちに発見できれば、外科手術や放射線治療、抗がん剤などで生存率が高まります。早期発見のために、7歳を超えたら定期検診を欠かさず、毎日の観察やスキンシップでからだにしこりはないか、体重や食欲に変わりがないかを確認しましょう。

添加物を多く含んだフードやストレスによって引き起こされるガンも多いと考えられるため、食事を正しいものに見直し、免疫力を高め、必要な栄養素をしっかり摂ることも大切です。

生活習慣病を予防する

生活習慣に要因がある生活習慣病ですから、日々の過ごし方で予防することができます。愛犬の生活習慣を決められるのは、飼い主だけなのです。

- **肥満にさせない**:肥満は高血圧となり、心臓疾患、糖尿病、関節炎(141ページ)、呼吸器疾患、椎間板ヘルニア(148ページ)などを発症しやすく、よいことがありません。間食は避け、食べすぎにも注意します。
- **歯周病にさせない**:飲み込む雑菌によって心臓や内臓器官にも影響を与えてしまいます。また、口腔内の腫瘍の原因となることもあります。歯磨きを習慣づけ予防しましょう。
- **運動不足にさせない**:運動不足は肥満を招き、ストレスの要因にもなります。運動をすることで肥満が予防でき、筋肉をはじめとするからだの機能が維持されたり、血行不良などの不調が改善されたりします。
- **不要なストレスを与えない**:ストレスにより免疫力が低下するとからだに不調が現れやすくなります。犬が楽しく、快適に暮らせるようこころ掛けましょう。

生活習慣病予防に運動は欠かせません。
飼い主の運動にもなります。

とくに気をつけたい病気のこと

犬がかかるおそれのある こわい病気を知っておこう

◉悪性腫瘍(ガン)

● **乳腺腫瘍**：10歳以上のメスに多くみられます。乳腺部にしこりや大きなかたまりができ、良性と悪性は50％ずつ。小さなうちは良性の可能性が高く、大きくなると悪性化するため、小さなうちに発見し、部分切除や片側乳腺切除をします。【症状】乳腺のしこりは家庭での触診で簡単に見つけられます。【予防】発生には女性ホルモンが関与すると考えられるため、若齢のうちに避妊手術を行います。

● **悪性リンパ腫**：血液の中のリンパ球の腫瘍で、下あご、肩の前部、脇の下、ひざの裏などのリンパ節に腫れがみられ、進行が早く、発見時にはすでに転移している可能性があります。抗がん剤やサプリメントで延命に期待します。【症状】多くは多中心型といわれ、各リンパ節のしこりで気付きます。【予防】原因は解明されておらず、正しい食事をすること、ストレスをためないことが大切です。

● **肥満細胞腫**：皮膚や皮下に発生する悪性の腫瘍。皮膚にできる小さなしこりでは摘出すれば治るものもありますが、悪性度が高いと成長・進行が速く、リンパ節やその他の臓器に転移し命にかかわります。【症状】多くは皮膚にしこりが発生、内臓への転移もあります。【予防】明確な予防法はなく、早期発見に努めます。

● **扁平上皮ガン**：多くは口腔内の粘膜である歯肉か爪の根元の部分に発生する悪性腫瘍。転移性が低いため、早期に発見して、完全切除できれば完治が期待できます。【症状】皮膚、爪周囲や口腔内に腫瘍ができ、組織に浸潤します。【予防】早期発見で切除できれば生存期間は延びます。

いずれのガンも、しこり以外に食欲不振、嘔吐、体重激減などの症状を伴います。ガンと診断されても悲観せず、免疫力アップに取り組んで体調を改善し、QOL（生活の質）を維持しながら元気と食欲を回復していきましょう。

◉感染症

● **マダニから感染するSFTS（重症熱性血小板減少症候群）**：SFTSウイルスを保有するマダニによって媒介される感染症です。2013年に国内で初めて犬から人への感染が報告され、2016年には猫から感染したとされる人の死亡症例が報告されています。野生のシカやアライグマから犬や猫を介して人間にも感染すると考えられてい

健康編 PART 3 行動としぐさをチェック

ます。【症状】一般的に無症状ですが、発熱と食欲減退、そして血小板の減少で出血症状がみられることがあります。【予防】草むらには入り込ませないことです。人間ですら長袖、長ズボン、軍手を着用するくらいですから、素足の犬は危険です。

● **狂犬病**：122ページでも説明したように狂犬病に感染して発症すると、人も犬も致死率は100%です。国内では狂犬病予防法によって撲滅されたはずなのですが、犬の登録とワクチン接種率が50%を切り、国外では蔓延している現状から、いつ発生してもおかしくありません。【症状】食欲不振、麻痺、興奮して噛む、凶暴化などの異常行動。【予防】年1回の狂犬病ワクチンの接種が義務付けられています。

● **犬フィラリア症（犬糸状虫症）**：0.3㎜のミクロフィラリアが中間宿主である蚊に吸われ、感染幼虫となって再び蚊の吸血によって犬の体内に入り込みます。感染したフィラリアは血流で肺動脈に達し、25～38㎝の成虫になって棲みつきます。最終的には心不全や呼吸困難を引き起こして死に至る病気です。【症状】初期は食欲不振、咳こむ程度ですが、進行すると体重減少、苦しそうな呼吸をする、腹水など。【予防】月1回の駆除薬の服薬が一般的で、皮膚につけるタイプや注射薬もあります。蚊が出て1か月以内から、蚊が見当たらなくなって1か月後までの期間、これらの予防薬を使います。人間へも蚊が媒介するジカ熱やデング熱の感染源になるので、蚊の防除はしておくべきです。

◉その他の病気

● **ストレスが原因で起こる疾患**：過度のストレスにより、下痢、皮膚炎、不安行動、攻撃行動、過食行動、常同行動などを起こします。長時間の留守番や環境変化などがストレスとなると抵抗力が弱まり、病気を発症します。【予防】「5つの自由」（42ページ）が満たされていることが大前提です。

● **急性膵炎**：膵臓にある消化酵素が活性化して膵臓そのものが消化を受けて炎症を起こします。重症化するとほかの臓器にも影響を及ぼし、命にかかわることも。高脂肪のフード、免疫介在性、薬剤、遺伝性などが原因と考えられています。発症すると完治は困難で、食事制限が必要になります。【症状】突発的な嘔吐や下痢、激しい腹痛を伴います。【予防】健康的な食生活を送ることが第一の予防です。

「お腹の中を見ているの？」
かかりつけの先生は頼れる存在です。

PART 4

こころの調子を知る

日々のストレスが原因となって、うつ病や神経症になる犬が増えているといわれています。

犬のストレスは取り除ける

環境のこと、家族との関係のこと、食事や散歩のこと、犬のストレスのほとんどは暮らしのなかにあり、その暮らしを組み立てているのは私たち飼い主です。愛犬がこころの調子を崩してしまったとしたら、残念なことですが、もしかしたら私たちのせいかもしれません。人間関係や仕事のこと、病気のことなど人のストレスを完全に取り除くのは容易なことではありませんが、犬のストレスは、飼い主次第で取り除くことができるものばかりです。

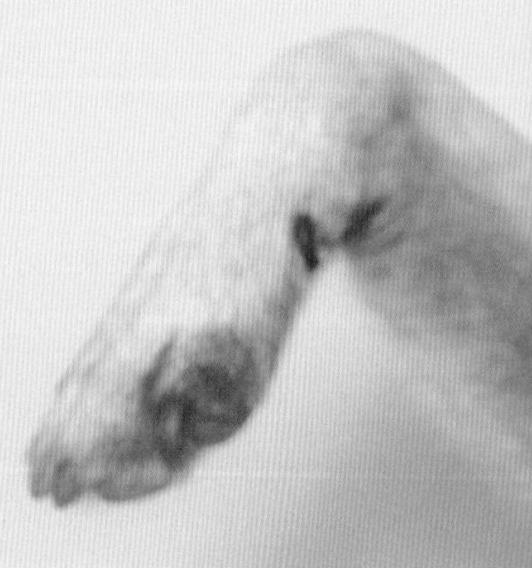

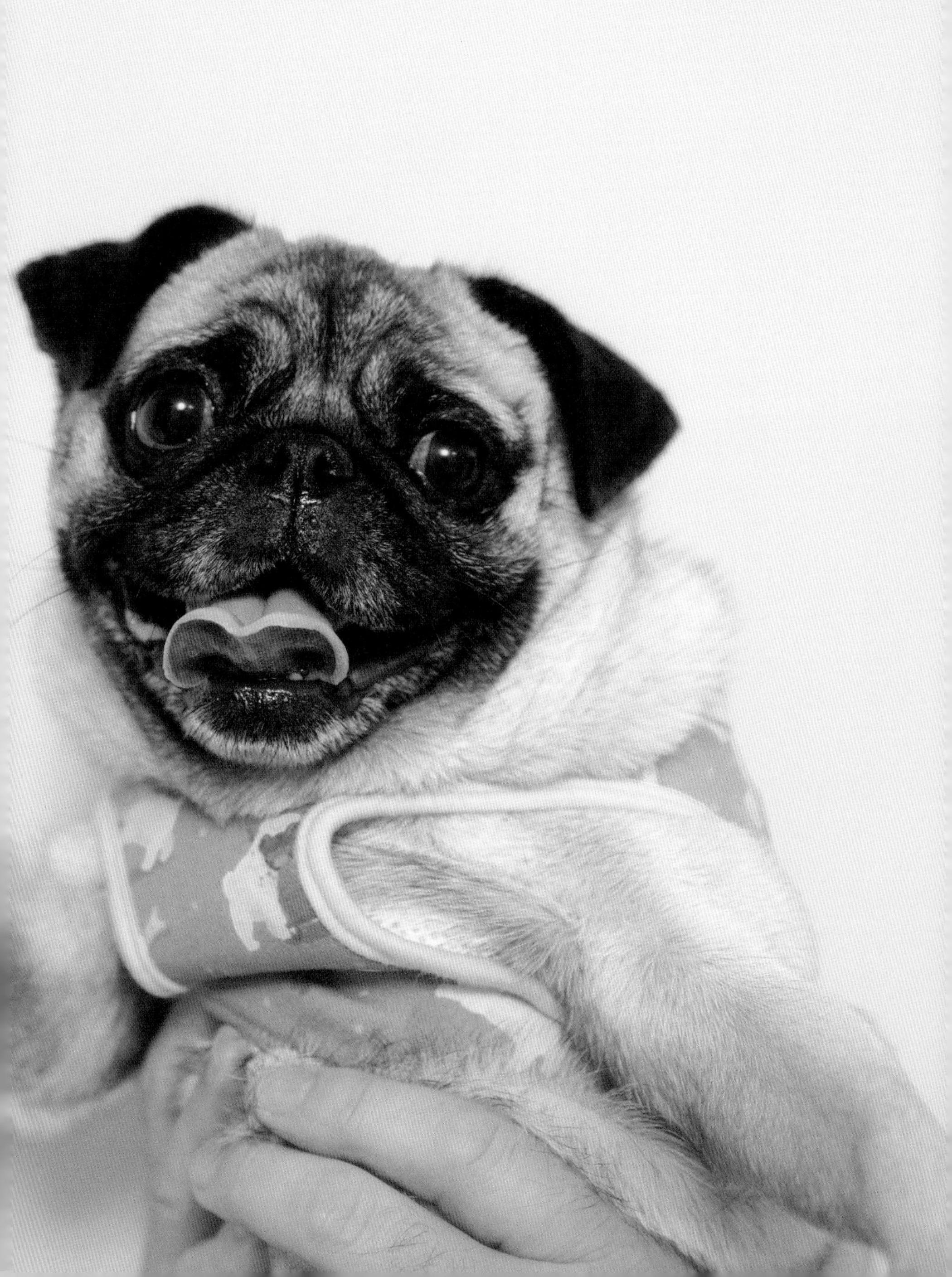

暗いきもちになってしまう

悲しいことや辛いことがあると
犬だって苦しいんだ

こころがあるから病気にもなる

「こころ」の存在を説明するのは難しいのですが、最近は脳研究が進み、こころのことが少しずつわかってきました。それは犬の分野も同様で、MRI（磁気共鳴画像装置）でさまざまな刺激に対する脳の反応を調べたところ、犬にも感情があることが確認されました。たとえば犬にとってポジティブな情報を与えると、脳の尾状核という部位がドーパミンによって強い反応を示します。ほかにも犬をほめたとき、犬はその「単語」と「口調」の両方を聞いて判断していることもわかっています。

犬にも、好ましいこととそうでないことがあり、それに対して喜びや悲しみといった感情をもちます。強いストレスが続けばうつ病を患います。また犬でも猫でも、飼い主が亡くなったときには飼い主ロスとなり、神経症を発することがあります。

犬に多いこころの病気

犬のこころの病気に病名をつけるのは難しいのですが、異常な行動などの症状、それに対する投薬治療の反応などから、人の病名に当てはめると犬も以下のような病気になることがわかってきました。

不安や寂しさ、退屈などのストレスや、雷や花火の音、怒られたり叩かれたりした恐怖などが原因となりますが、ストレスや恐怖の感じ方は犬それぞれに違うため、ここまでは大丈夫、これ

遊びや運動、コミュニケーションが
満たされることで、こころは健康でいられます。

以上だと病気になるという線引きは難しいところです。愛犬との付き合いのなかで見極めていきましょう。

● **神経症、うつ病**：留守がちだったり、家庭内での接触や交流が少なく、不安が原因となって起こります。飼い主の帰宅や遊びに反応しなくなったり、人や仲間との交流を避けたり、室内をうろついたり、食欲減退など……。飼い主を避けるようになったら重症です。家具の破壊など凶暴化することもあります。

● **心的外傷後ストレス障害（PTSD）**：強い恐怖やストレスがトラウマとなって、精神的な苦痛が残ってしまうPTSD。災害や虐待など辛い体験、厳しい体験をした犬もPTSDに陥ることがあります。一般的な症状は、怯え、不眠、食欲不振、嘔吐、下痢などです。また、行動の変化として、凶暴化、飼い主の後をついてまわる、留守番でパニックになるなどが起こります。神経質な犬ほど症状が重いとされます。

食欲減退、元気消失などの症状は、ほかの病気のおそれもあるため、いつもと違う様子が見られたら、まずは診察を受けましょう。そのうえで、不安材料を取り除く、落ち着ける場所を作るなど環境の改善や、留守番や音に慣れる練習などをします。症状によっては抗うつ剤や精神安定剤が処方されることもあります。

このほか、常同行動や分離不安と呼ばれる「問題行動」（159ページ）は、恐怖や不安など「こころの不安定さ」から引き起こされる異常な行動であり、これらもこころの病といえます。

幼少期を親や兄弟と過ごすことは
犬の成長において大切なこと。

こころの病にさせないために

当たり前のことですが、まずは愛情を注ぎ、犬のきもちを考えて暮らすこと。恐怖や不安、さまざまなストレスを与えない、もしくは取り除くことが、こころの病の一番の予防であり治療です。しかし残念なことに、すべての恐怖やストレスを取り除くことは困難なのも事実です。

虐待や犬の本能を無視したしつけはあってはならないことで避けることができますが、雷をなくすことはできません。病院がきらいな犬は多いですが、行かないわけにはいきませんし、大きらいな歯磨きもすべきです。トレーニングだって、犬にとってはストレスかもしれません。安全に健康に暮らしていくためには克服しなければならないストレスもあり、そのためには、社会化期（160ページ）の過ごし方が大切になってきます。

怖いから吠えちゃうんだ

問題になる行動にも、する理由があるんだよね

問題行動って何？

犬の行動には、正常、異常、問題の3種類があります。犬にとって正常な行動であっても、飼い主が容認できない行動は残念ながら問題行動といわれてしまいます。無駄吠えや食糞、場所や物を守るための威嚇など、問題行動と言われるもののなかには、犬にとっては正常だったり、理由があってしていることも少なくありません。

犬の問題行動の65％は縄張り性、恐怖性、攻撃性からくるものです。また、分離不安や不適切な排泄など、ストレスから起こる問題行動もあります。問題行動とされる行動の多くは、成長期における社会化期が適正でなかったために起こると考えられています。さらに、無理な飼育や不適切な飼育を強いているケースも要因ともなり、その場合、人間が問題行動を形成している可能性があります。

問題行動を予防するには

問題行動の修正には、時間と労力と根気が必要です。ですから子犬の社会化期の形成としつけが重要となるのです。もし問題行動の芽がみられたら、次のトレーニングで効果が得られます。

- **タイムアウト**：問題行動を起こしたときに、飼い主がその場を離れたり、関心を示さなくする。問題がなくなったころに、ごほうびのトリーツを与えます。
- **フォーマット化**：食事や散歩前、あるいは問題行動直後に「アイコンタクト」や「マテ」をします。

逆に問題行動を悪化させてしまうのは、放置しておくことと罰を与えることです。不安が大きい場合は臨床行動の専門医へ診てもらうことをおすすめします。症状によっては、精神面を配慮して抗うつ剤を処方することもあります。

健康編 PART 4 こころの調子を知る

これは困った…問題行動の対処法

問題行動は、犬の幸せな一生にかかわる問題です。
重度の場合は、信頼できる専門家の意見を必要とします。
根拠のある情報源で、正しい方向へ導いていきましょう。

分離不安

飼い主の不在により不安を感じてしまう不安行動のひとつ。体調の変化に、よだれ、下痢、嘔吐、呼吸や心拍数の増加など。行動の変化に、家の中でも常に飼い主について歩く、破壊や吠えつづけるなど。
【対処法】 家の中でも別々に過ごす時間を作り、隣の部屋に移動するなど、ごく短い時間、離れることから練習します。安心できるスペース（クレートなど）があることも大事です。

常同行動

尾を追いかける、尾をかじる、影や光を追う、からだを舐めるなどの行動が異常な頻度で起こり、生活に支障が出たり、犬が傷を負ったりします。ストレス、退屈、葛藤、不安などが要因と考えられています。からだの疾患でもこうした行動が起こるケースがあるため、区別が必要です。
【対処法】 起こるきっかけがわかれば、それを回避。鎮静剤で対応しますが、それでも続く場合、尾をかじる行為では断尾の判断をすることもあります。

攻撃行動

狩り行動や自己主張からの積極的な攻撃と、恐怖から逃れる、食べものや縄張りを守るための防御的な攻撃があります。本能からくる行動ですが、噛むなどの強い攻撃は、人と暮らすうえでは問題です。
【対処法】 攻撃の理由によって異なりますが、食事の邪魔をしない、寝ているときに触れない、など、きっかけとなる状況を回避します。

無駄吠え

犬にとっては、まったく無駄ではなく、興奮、不安、要求、警告などで吠えています。吠える仕事をする犬種（牧羊犬など）や、興奮しやすい、不安を感じやすい犬に多くみられます。
【対処法】 家の外を歩く人に吠えるなら、カーテンやシートで見えなくする。テンションが上がりすぎて吠えるのなら、興奮させすぎない、など。きっかけとなる状況を回避します。

退屈したり遊びが高じたり、いたずらをしてしまうこともありますが、
これらすべてが問題行動というわけではありません。

いろいろな経験をさせてほしい

こころの形成期の過ごし方が大事なんだ

親子で過ごすことのメリット

生後8週齢（56日齢）以下の販売を禁止する内容が含まれた改正動物愛護法が、2019年6月12日に成立しました。なぜ8週齢なのかというと、子犬が誕生してからのその時期は、脳の神経系統ができ上がっていく発達段階であり、母犬の元で兄弟とともに安心して暮らすことが、こころとからだの健やかな成長のために大切だからです。

母犬や兄弟との遊びやけんかといった交流のなかで、犬同士のコミュニケーションやボディランゲージ、興奮や噛みつきの制御といった基本的なルールを学んでいきます。親兄弟と早くに離されこの過程を経ていないと、犬という犬に挑んでいったり、逆に何にでも怯えてしまったり、攻撃性や恐怖心をもちやすいといわれています。

この時期を含む14週齢までは、人と過ごす経験も含め社会的なさまざまなことを体験・順応すべき時期として、「社会化期」と呼ばれています。

飼い主と一緒に学ぶこと

子犬は週単位といえるほどのスピード感で成長していくので、社会化期の成長の仕方、体験の豊富さこそが、その後の生活のために大切になります。なぜなら、問題行動といわれることの多くは、社会化期である発達段階で経験できなかった事柄への恐怖心やストレスが要因となるからです。たとえば、

目が見えるようになるのは、生後12日ごろ。
３週齢を過ぎると上手に歩き出します。

「ん？　あれは何かな？」
子犬は好奇心いっぱいです。

子犬の姿を見ているだけで、人は癒されてしまいます。

- **飼い主以外の人に会ったことがない⇨人を見ると吠える**
- **スキンシップをしてこなかった⇨からだに触れると怒る**
- **常に一緒に過ごしてきた⇨人が見えなくなると吠える、留守番ができない**

子犬は8週齢ごろから少しずつ親離れをはじめ、同時に恐怖心や警戒心が芽生えてきます。そして脳はフル回転で発達しています。この大事な時期に、たくさんの経験をさせることで、知らない経験に恐怖や警戒、不安を抱かない社会性を身につけます。

老若男女の人に会う、自転車や車、バイクを見せる、アスファルト、砂利、土などいろいろな地面を歩く、スズメやカラスと出会う、犬に経験させたいことは、書ききれないほどあり、それは多ければ多いほど、よいとされます。人間でいえば情操教育の時期なのです。

のちにストレスになりそうなこと、たとえば、歯磨きやブラッシング、病院での診察なども、この段階でクリアしておけば、愛犬の未来のストレスを取り除くことにもなります。

14週齢あたりまでに体験しなかったことは、見知らぬ人、物、出来事として、恐怖や警戒、不安の種となり、それを解消するのは簡単ではありません。この社会化期の体験は深く犬のなかに残るため、大きなダメージを負うような体験をしてしまうと、それが一生のトラウマになってしまうこともあるので注意しなければなりません。

健康編

PART 5

高齢期のケア
～健康長寿のために～

犬の平均寿命が延びた現代は
人と同じく犬も、高齢期の過ごし方を
考えるべき時代となりました。

歳を追い越した愛犬のために

子どものような存在の愛犬も、いつの間にか自分の年齢を追い越していきます。大型犬なら6歳、小型犬なら10歳くらいからを壮年期と考え、健康や暮らし方について改めて見直す時期となります。老後をどう過ごすか？　すること・考えることは人と同じで、バランスのよい食事、ストレスのない生活、定期的な健康診断などなど。歳を重ねれば病気が見つかることもありますが、早期発見・早期治療を心がけ、できるだけ健康を保ちながら、幸せな20歳を目指しましょう。

犬と人の年齢対比表

犬の年齢	人の年齢			
	小型犬	中型犬	大型犬	超大型犬
1歳	15歳	15歳	14歳	12歳
2歳	23歳	24歳	22歳	20歳
3歳	28歳	29歳	29歳	28歳
4歳	32歳	34歳	34歳	35歳
5歳	36歳	37歳	40歳	42歳
6歳	40歳	42歳	45歳	49歳
7歳	44歳	47歳	50歳	56歳
8歳	48歳	51歳	55歳	64歳
9歳	52歳	56歳	61歳	71歳
10歳	56歳	60歳	66歳	78歳
11歳	60歳	65歳	72歳	86歳
12歳	64歳	69歳	77歳	93歳
13歳	68歳	74歳	82歳	101歳
14歳	72歳	78歳	88歳	108歳
15歳	76歳	83歳	93歳	115歳
16歳	80歳	87歳	99歳	123歳
17歳	84歳	92歳	104歳	−
18歳	88歳	96歳	109歳	−
19歳	92歳	101歳	115歳	−

歳をとったのかな？

犬の加齢のスピードは、
人よりずっと早いんだ

老化のサイン

高齢犬と呼べるのはおおよそ、大型犬で9歳くらい、中型犬で12歳くらい、小型犬で13歳くらいです。以下のようなサインがみられたら、愛犬が高齢になったことを意識してください。

- **顔やからだに白髪が生えてきた**
- **白内障がはじまり視力が低下**
- **反応が鈍く、耳が遠くなる**
- **体力低下で動きがゆっくりになる**
- **睡眠時間が増える**
- **体温調節機能が低下する　など**

ブラッシングやアイコンタクトなど、毎日のコミュニケーション、食欲や散歩、睡眠の様子を観察するなどして、愛犬の変化を知りましょう。

ともに歳を重ねてきた大切な家族です。

老化へのこころがまえ

老化は緩やかにあらわれます。散歩に行きたがらなくなると筋力や体力が低下するので、適度な散歩を継続することが大切です。散歩中は視覚や聴覚、嗅覚などの感覚器を使う刺激に多く触れるため脳の活性化にもつながります。また歩行のペースや呼吸、排泄物の様子などから、体調の変化にもいち早く気付いてあげられます。

犬の老化に伴う生理現象として、感覚系、筋骨格系、神経系、消化器系、泌尿器系、心血管系の機能が変化します。また、脳機能の老化に伴い、精神、認知、活動に変化が現れます。

ほかにも、白内障、関節炎、歯牙疾患、腎疾患、心臓疾患、甲状腺機能亢進症/低下症、腫瘍などの罹患率が上昇します。神経伝達物質の障害から不安の増加や忍耐の低下が見られ、雷などの恐怖から吠える不安障害や留守番中の分離不安が増加してしまいます。これが問題行動として捉えられてしまうこともあります。

感覚機能の低下、骨格筋系の問題に対しては、模様替えやリフォームで環境面を整えてあげることも必要です。ただし、大きな変化は高齢犬に不安を

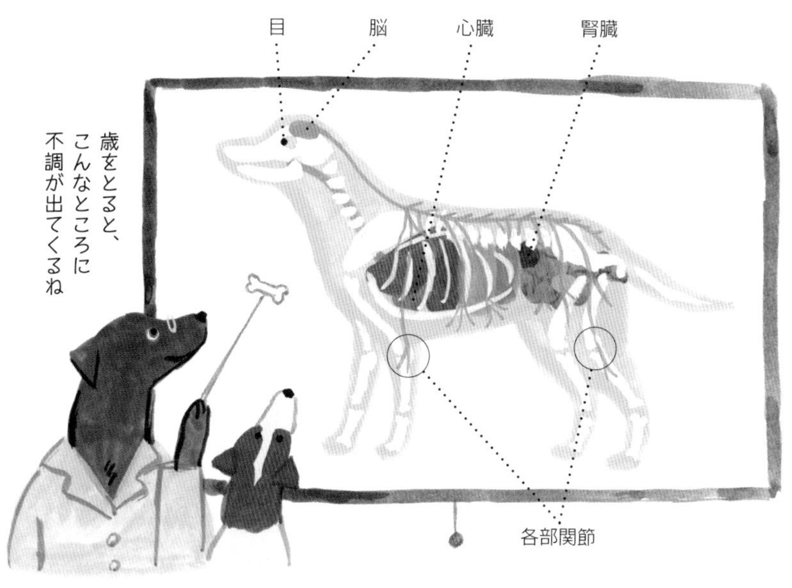

与えてしまうこともあるので気をつけましょう。コツとして無理強いはしない、叱らない、いやがることはしないことをこころ掛けます。しかし、ときには散歩のコースを変えたり、おもちゃで遊んだり、刺激や社会的交流をもつことも必要です。

高齢犬に多い病気

人と同じく、犬も歳をとると病気が増えてきます。糖尿病、悪性腫瘍、心臓疾患などの生活習慣病（152ページ）のほか、以下のようなものがあります。

● **腎不全**：腎臓の組織は劣化するため、老化で機能が低下し、尿が濃縮できなくなり色が薄くなります。多飲多尿がみられたら慢性腎不全を疑います。

● **関節拘縮**：筋肉の柔軟性がなくなることなどで関節の動きが悪くなります。

● **核硬化症**：目の水晶体中心部の透明度が低下します。白内障を併発することもあります。

● **白内障**：眼球内の水晶体が白濁し、瞳が白くなって気付きます。視力の低下によってぶつかったりします。加齢のほか遺伝的な要因で発症するケースもあります。

子どものころからのお気に入りかな？

物忘れが気になりだした

犬も認知症になるから、行動の変化を見逃さないで

認知症とは

認知症は正式に、認知機能不全症候群といいます。老化による脳の機能低下によって行動に変化が起こりますが、未解明な部分が多いのも認知症の特徴です。疫学的には、国によって差があるものの、中型犬で11歳齢ごろからその兆候がみられます。

確定診断はなく、さまざまな行動を組み合わせ評価する方法が用いられます。右表は、診断によく使われている1997年に作成された「犬痴呆の診断基準100点法」。食べ方や歩き方など10項目をチェックし、合計点数で認知症レベルを診断するものです。各項目をチェックし、合計点数50点以上あれば「痴呆犬」と判断されます

発症した場合の根本治療はなく、対処療法となるので、愛犬の要求をくみ取りながらも、飼い主自身の負担も減らせるよう、愛犬の行動の変化を愛おしみながら、楽観的に変わらず仲良く暮らしていきたいものです。

認知症のサイン

認知症の兆候は、意味のない吠え、壁にぶつかる、いつもできていたことができなくなるなど、問題行動や単なる老いとは明らかに異なります。人の認知症との共通点は、脳の大脳皮質に萎縮が起こることで、相違点は人に比べて早期発見が困難なことです。おかしいな?と思ったら、まずは獣医師の診断を受けましょう。脳挫傷や腫瘍の可能性があれば、CT、MRIなどの画像検査をしますが、高齢犬では心臓などへの負担が心配な全身麻酔の使用については獣医師と相談するべきです。

認知症犬との生活

認知症と診断を受けたら、早い段階で行動療法や食事療法を取り入れることで、犬の心身の健康と向き合っていくことができます。鎮静剤や神経遮断薬を用いる薬物療法もありますが、認知症を治す特効薬はありません。

愛犬が、痛い、寒い、姿勢を変えたい、散歩がしたいなどの兆候をみせたら、その要求を満たしてあげること。それにより薬物を使わなくて済むことがあります。粗相や徘徊があれば、介護用マットやペットシーツ、サークルなど用います。

リラックスすることで副交感神経を高め、血管が拡張をして脳血流量を増加します。犬は飼い主の緊張を、すぐにくみ取るので、飼い主がリラックスして接することが

犬痴呆の診断基準100点法

30点以下…老犬(正常レベル)　31点～49点…痴呆予備犬　50点以上…痴呆犬
※各項目の最も高い点数を合計すると100点になります。

項目	内容	点数
食欲・下痢	①正常	1点
	②異常に食べるが下痢もする	2点
	③異常に食べて、下痢をしたりしなかったりする	5点
	④異常に食べるがほとんど下痢をしない	7点
	⑤異常に何をどれだけ食べても下痢をしない	9点
生活リズム	①正常	1点
	②昼の活動が少なくなり、夜も昼も眠る	2点
	③昼も夜も眠っていることが多くなった	3点
	④昼も夜も食事以外は死んだように眠って夜中から明け方に突然起きて動き回る	4点
	⑤上記の状態を人が静止することが不可能な状態	5点
後退行動	①正常	1点
	②狭いところに入りたがり、進めなくなると何とか後退する	3点
	③狭いところに入ると、まったく後退できない	6点
	④③の状態であるが、部屋の直角コーナーでは転換できる	10点
	⑤④の状態で、部屋の直角コーナーでも転換できない	15点
歩行状態	①正常	1点
	②一定方向にフラフラ歩き、不正運動になる	3点
	③一定方向にのみフラフラ歩き、旋回運動(大円運動)になる	5点
	④旋回運動(小円運動)をする	7点
	⑤自分中心の旋回運動になる	9点
排泄状態	①正常	1点
	②排泄場所を時々間違える	2点
	③所構わず排泄する	3点
	④失禁する	4点
	⑤寝ていても排泄してしまう(垂れ流し状態)	5点
感覚器異常	①正常	1点
	②視力が低下し、耳も遠くなっている	2点
	③視力・聴力が明らかに低下し、何にでも鼻を持っていく	3点
	④聴力がほとんど消失し、臭いを異常に、かつ頻繁にかぐ	4点
	⑤嗅覚のみが異常に敏感になっている	6点
姿勢	①正常	1点
	②尾と頭部が下がっている、ほぼ正常な起立姿勢をとることができる	2点
	③尾と頭部が下がり、起立姿勢をとれるがアンバランスでフラフラする	3点
	④持続的にぼーっと起立していることがある	5点
	⑤異常な姿勢で寝ていることがある	7点
鳴き声	①正常	1点
	②鳴き声が単調になる	3点
	③鳴き声が単調で、大きな声を出す	7点
	④真夜中から明け方の定まった時間に突然鳴き出すが、ある程度制止可能	8点
	⑤④と同様であたかも何かがいるように鳴き出し、まったく制止できない	17点
感情表出	①正常	1点
	②他人及び動物に対して何となく反応が鈍い	3点
	③他人及び動物に対して反応しない	5点
	④③の状態で飼い主にのみかろうじて反応を示す	10点
	⑤③の状態で飼い主にも反応しない	15点
習慣行動	①正常	1点
	②学習した行動あるいは習慣的行動が一過性に消失する	3点
	③学習した行動あるいは習慣的行動が部分的に持続消失している	6点
	④学習した行動あるいは習慣的行動がほとんど消失している	10点
	⑤学習した行動あるいは習慣的行動がすべて消失している	12点

内野富弥（動物エムイーリサーチセンター）より

大切です。

粗悪なフードは避け、良質な食材のフードを食べてもらうこと。また、脳への刺激を求める意味でも散歩やカートに乗せてでも屋外に出てみることです。いつも出かけていた縄張りを散歩すると脳へのよい刺激になります。

スキンシップや声かけも脳の活性化につながります。快ストレスは予防につながり、不快ストレスは認知症を悪化させるので要注意です。

予防としては、「アンチノール」など製品化されたサプリメントがあります。ほかにもアルギニン、オメガ3脂肪酸（EPAとDHA)、ビタミンB群などが抗酸化成分として含まれ、フリーラジカルを予防する製品もあります。

歳をとっても元気でいたい

定期検診を欠かさず、インテリアや食事を見直して！

老いた愛犬のために

歳をとると犬も運動機能が衰え、基礎代謝が落ちてきます。それにより、散歩に行かれなくなったり、これまでのフードが合わなくなったりします。高齢犬との暮らしに必要なことを考えてみましょう。

● **定期健診**：高齢になると、いろいろな病気が出てきます。半年に1回の定期検診を受けさせてあげたいです。定期検診で病気の早期発見ができ、速やかに治療が開始できます。大きな病気が見つかれば二次診療を紹介されることもあります。また、みずから別の獣医師に相談するのもよいでしょう。

● **過ごしやすい部屋作り**：からだが思うように機能しない、視力が低下することから、室内では滑らない工夫や段差にスロープを設置する、ぶつかってもケガをしないよう柱や家具にクッション材をつける、転落防止のため階段を進入禁止にするなど、若干のリフォームが必要になるかもしれません。

高齢になると体温調節機能が低下するので、夏の暑さ、冬の寒さ、急激な気温差には注意が必要です。室内で飼っている場合は夏は26 ～ 28℃、冬は

よく食べ、よく遊び、よく歩き、たくさん眠りましょう。
定期検診も年2回は受けたいです。

歳をとると眠っている時間が多くなります。

20℃前後を目安にできるだけ一定の室温を保ちます。散歩では関節の使い方や歩き方に注意し、ハァハァするパンティングが異常であれば、無理せず休息させましょう。

● **食事**：基礎代謝が落ちるため、「高齢犬用」と表示された低カロリーで、タンパク質が多く、脂肪酸を配合したフードに切り替えます。一度に食べられる量が減ってきたなら何度かに分け、ドライフードが食べにくいようならウエットフードに切り替えたり、ドライフードにお湯やスープをかけたりすると食べやすくなります。

● **体調チェック**：体表に触れ、体温に変化はないか、痛みや腫れがないか、散歩の距離、食事の量などを日々チェックしておきたいです。

ご長寿の秘訣

大切なのは、寝る、食べる、運動、清潔な生活環境。また、シニアになったら、基本的にルーチン（習慣）を崩さない生活スタイルを確立すべきです。清潔な環境で快眠でき、大好きなフードを決まった回数、決まった量食べる。屋外に出て散歩や運動をして日光に当たる。動物として当たり前の毎日が、ストレスのない生活です。生きていることに感謝をすると、それが犬にも伝わり、お互いの精神は安定します。

介護は大変ですか？

犬と飼い主に負担のない、
快適に暮らせる介護をめざしましょう

寝たきりにならないために

からだを動かせる期間を長く保つためには、太らせないことが大事です。それにより関節への負担が減らせます。慢性関節炎を発症してしまうと、悪化すると寝たきりになることがあります。

必要があれば薬やサプリメントを飲むことで関節炎の進行を抑えますが、適度な運動をして、筋肉量を保つことが予防になります。足が弱ってきても、無理のない距離と歩幅の散歩をこころ掛けたいです。

人が支えながら歩く補助歩行は有効で、それによって犬は歩く意思をもちつづけられます。からだを動かすことで全身の血行を促進し、関節の動きを改善し、歩行能力を高めます。さらに食欲不振や消化不良が改善することもあります。健康維持だけでなく、ストレス発散にも役立ちます。補助歩行の方法は、バスタオルを犬の腰の下に回して、それを引っ張り上げて腰を持ち上げ、バランスを取りながら前に移動させると歩きはじめます。ハーネス型の補助歩行グッズも販売されています。

横になっているときに手足の関節を曲げ伸ばしたり、前後に動かしたりすることでストレッチになります。

床ずれにならない工夫

寝たきり犬の一番の問題は床ずれ（褥瘡（じょくそう））です。長時間寝て、床に接触しつづける部位は、化膿や壊死してしまうこともあります。1日3～4回、体位を変えてあげるとよいのですが、犬にも好みの体位があって、なかなか思うようにいきません。下にやわらかいマットを敷く、骨が出っ張っている部分に厚めのタオルを当てるのも効果的です。オムツをしているならば、こまめに交換し、排泄部の毛を刈ってしまうと清潔に保てたりします。

マッサージで手足を中心に末梢循環をよくすれば、手足の血流が改善され、床ずれを予防することができます。

食事と水はゆっくり

寝たままの食事は、気管や肺に異物が入りやすくなり、誤嚥性肺炎などを発症することもあります。食事を与えるときは、必ずフセの姿勢にし、頭を少し持ち上げてやります。飲水も同様に要注意です。水はとくに気管に入りやすいので、指につけた水を舐めさせる、シリンジを使うなどして、ゆっくり飲めるよう工夫します。

いつかお別れがきます

ありがとう。
きみと暮らせて幸せだったよ

お別れのこころがまえ

悲しいことですが多くの場合、犬は私たちよりも先に旅立ってしまいます。大切なものを失った喪失感で、悲しみの淵から戻れなくなってしまうこともあるでしょう。悲嘆反応はあるのがふつうです。

容易なことではありませんが、その日がくることを自覚し、こころの準備をしておくことは、その後も続く日々のためには大切なことです。ほんの数日の準備で心身の問題は緩和されます。

そして何より、いま目の前にいる愛犬と向き合いともに過ごす、病気や介護があった場合、自分で考え納得いく行動をする。これにより、できるだけのことをし、十分に愛し、愛され、幸せな時間を過ごすことができた、と思うことができ、悲しみを静かに受け入れることができるでしょう。

立直りのプロセス

深い悲しみから、いつかは立ち直らなければいけません。でも、悲しいこころにふたをして急いで立ち直ることもありません。愛情の対象との別れの時期をどう悲しむかという「喪の仕事(mourning works)」が重要です。悲しみは悲しむことでしか克服できません。しばらくは心身を休めて、愛犬を偲び、悲しみ、きちんと喪の仕事を終えましょう。無理に忘れようとする必要はなく、写真に花を供えたり、思い出の品を身につけたり、幸せを与えてくれた愛犬に感謝し絆をもちつづけることは、悪いことではありません。

犬友達など信頼できる人に話を聞いてもらうことで孤独感が和らぐこともあります。ただ、あまりに精神的に辛く生活に支障があるようなら、医療機関に相談するのもよいでしょう。

さくいん

病名

【あ】

【か】

【さ】

【た】

【な】

【は】

【ま】

【ら】

症状・その他

【あ】

【か】

【さ】

【た】

さくいん

【な】

【は】

【ま】

【や】

【わ】

主な参考文献

『犬と猫の問題行動 診断・治療ガイド』（インターズー）
『犬と猫の問題行動の予防と対応』（緑書房）
『臨床行動学』（インターズー）
『最新版 愛犬の病気百科』（誠文堂新光社）
『犬と猫の栄養学』（緑書房）
『イヌの動物行動学』（東海大学出版部）
『犬のための家づくり』（エクスナレッジ）
『犬のしつけパーフェクト BOOK』（ナツメ社）

参考動画

アニマル戦隊 YouTube チャンネル

野澤延行（のざわ・のぶゆき）

1955年東京生まれ。獣医師。北里大学畜産学部獣医学科卒業。動物・野澤クリニック院長。公益社団法人東京都獣医師会倫理委員会委員、獣医心理学研究会会員。野良猫問題、保護犬の治療・譲渡に取り組む。著書に『猫のための 家庭の医学』（山と溪谷社）、『ネコと暮らせば』（集英社）、『獣医さんが出会った 愛を教えてくれる犬と幸せを運んでくる猫』(新潮社)ほか、監修書も多数。

写真：池田晶紀　池ノ谷侑花（ゆかい）
写真提供：ドコノコ（ほぼ日）
イラスト：小池ふみ
アートディレクション・デザイン：吉池康二（アトズ）
編集・執筆協力：たむらけいこ
編集：宇川静（山と溪谷社）
協力：ドコノコ（ほぼ日）　株式会社ゆかい　ドコノコユーザーの皆さま、写真をご応募いただいた皆さま
認定 特定非営利活動法人 シャイン・オン・キッズ

犬のための 家庭の医学

2020年1月 5 日　初版第 1 刷発行
2021年2月15日　初版第 3 刷発行

著者　野澤延行

発行人　川崎深雪

発行所　株式会社　山と溪谷社
〒101-0051　東京都千代田区神田神保町1丁目105番地
https://www.yamakei.co.jp/

印刷・製本　株式会社光邦

◎乱丁・落丁のお問合せ先
山と溪谷社自動応答サービス　TEL.03-6837-5018
受付時間／ 10:00-12:00、13:00-17:30（土日、祝日を除く）

◎内容に関するお問合せ先
山と溪谷社　TEL.03-6744-1900（代表）

◎書店・取次様からのお問合せ先
山と溪谷社受注センター　TEL.03-6744-1919　FAX.03-6744-1927

＊定価はカバーに表示してあります。
＊乱丁・落丁などの不良品は、送料当社負担でお取り替えいたします。

Printed in Japan
ISBN978-4-635-59046-4